問題可以一次解決

跟著管理大師高德拉特的限制理論，
學會解決所有工作難題的思考

岸良裕司 著
張凌虛、鄭曉蘭 譯

全体最適の問題解決入門

解決問題戰隊，青蛙戰隊

成員介紹

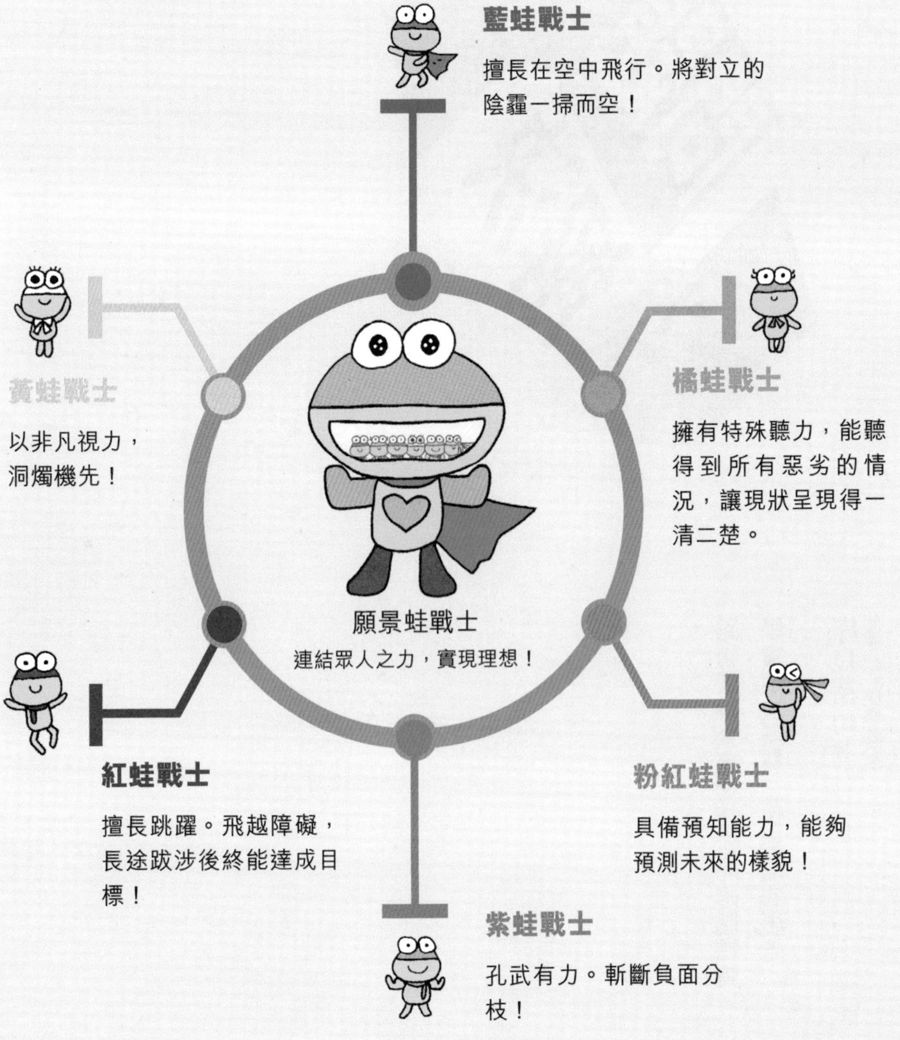
藍蛙戰士
擅長在空中飛行。將對立的陰霾一掃而空！
黃蛙戰士
以非凡視力，洞燭機先！
橘蛙戰士
擁有特殊聽力，能聽得到所有惡劣的情況，讓現狀呈現得一清二楚。
願景蛙戰士
連結眾人之力，實現理想！
紅蛙戰士
擅長跳躍。飛越障礙，長途跋涉後終能達成目標！
粉紅蛙戰士
具備預知能力，能夠預測未來的樣貌！
紫蛙戰士
孔武有力。斬斷負面分枝！

蛙池寓言

1

很久很久以前，有個叫「蛙池[1]」的小池塘，小青蛙蛙吉和牠的朋友們，居住在那裡頭。

2

正當外界疾呼地球環境發生變化的時候，池塘裡的水溫，正一點點地逐漸變熱起來。然而，唉呀，大家還是浸泡在讓牠們感到舒服的溫暖池水裡。

3

由於環境逐漸產生變化，池塘裡的水溫也逐漸升高。可是，大家都沒發現。

4

某天。大家開始發現渾身不對勁，臉全都變得紅通通的，隨即感到頭昏腦脹。蛙吉終於發現池水的溫度升高了。「再這麼下去，大家會變成煮熟的青蛙。」於是蛙吉開始和大家討論起這件事。

5

為了存活下去，應該「離開池塘」呢？還是「留在池塘」呢……如果離開池塘的話，就會變成脫水的青蛙。可是，如果留在池塘裡，就會被煮熟了。結果，小青蛙們分成了對立的兩組，激烈地爭吵著要「離開池塘」，或者是「留在池塘」。

6

大家的火氣都很大，讓現場愈來愈熱，四周開始霧氣瀰漫。

7

就在這個時候，在迷濛的霧氣之中，問題解決戰隊——青蛙戰隊現身了！

8

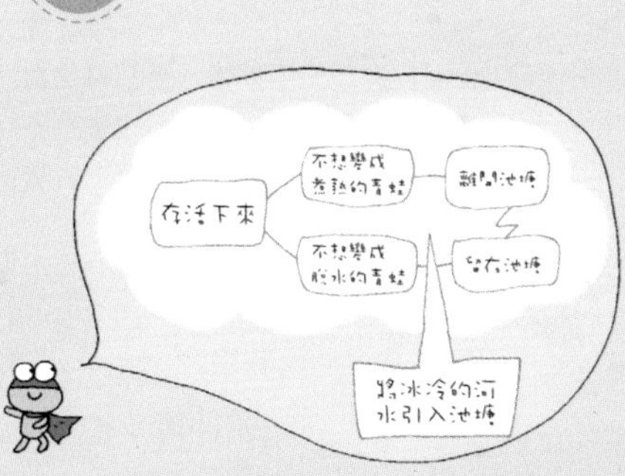

戰隊裡的藍蛙戰士說話了。「關於消除對立這件事交給我來辦吧！消除對立！撥雲見日圖[2]！」透過撥雲見日圖，就能將造成雙方對立的問題結構，清楚地呈現出來。深入思考上述情況，從「不想變成煮熟的青蛙」，與「不想變成脫水的青蛙」這兩種主張，可以得知，大家心裡的共同目標都是，「存活下來」。因此，雙方的對立也消除了。然後，大家開始集思廣益，提出各式各樣的建議，後來決定採取「將冰冷的河水引入池塘」的解決方案。

9

可是，部分的小青蛙還在抵抗。「我們還不是撐到現在了，就這樣維持現狀不是很好嗎？要改變的話很辛苦耶！」牠們口口聲聲地這麼說。蛙吉對於牠們毫無危機感，感到愕然。

10

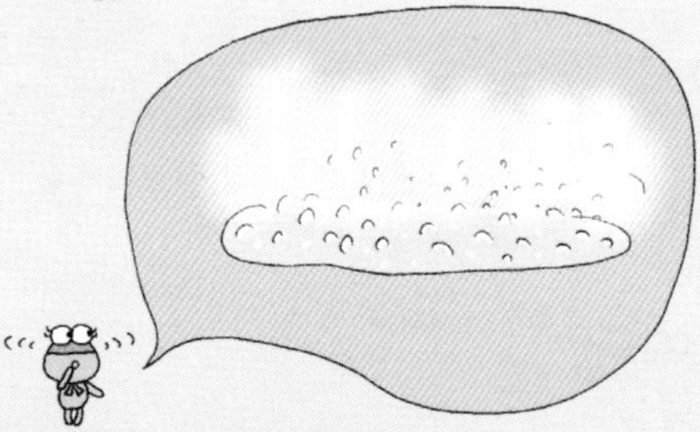

「輪到我出場了！」橘蛙戰士大聲呼喊：「掌握現況！現況樹！」透過現況樹，就能清楚呈現現實情況的問題結構。原來，池水溫度不斷攀升的原因，是池底冒出加速暖化的二氧化碳氣體。如果就這樣置之不理，可以預見的是，池水溫度上升的速度，將會遠比想像中來得快速，甚至達到沸騰的程度。

11

大家看過現況樹以後，全都嚇得跳了起來。「唉呀！看來不改變是不行了。」情況真的能好轉嗎？其實蛙吉的內心有些不安。

12

「交給我吧！接下來換我出場了！」粉紅蛙戰士現身了。
然後，粉紅蛙戰士大叫：「未來願景！未來樹！」
接著發生什麼事了呢……
透過未來樹，可以預見池塘引入河水之後，「池水溫度升高」、「被煮熟」、「變成脫水青蛙」這些負面效應，將轉變為「池水溫度不再上升」、「不被煮熟」、「不會脫水」這些良好效應。
大家見到一片光明的未來之後，心中的勇氣也隨之湧現。

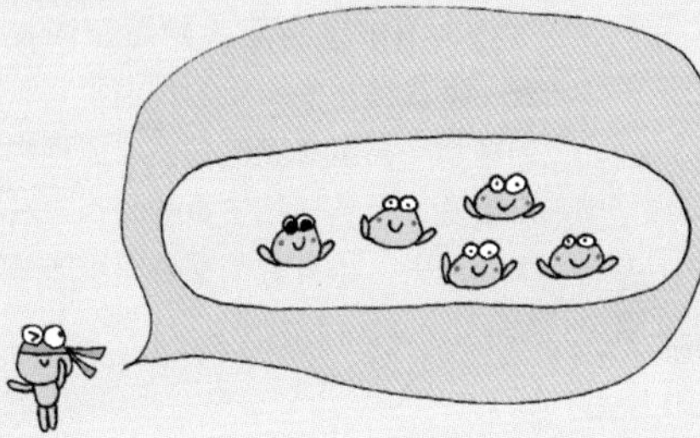

13

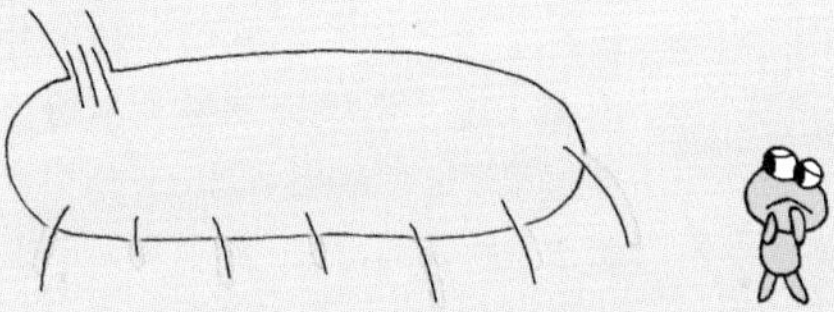

雖然如此，蛙吉還是感到不安。牠擔心，引入河水之後，池裡的水量會多到溢出來，不知道池塘會不會此崩毀？

14

「不用擔心！一切交給我吧！」紫蛙戰士登場！牠大喊：「負面分枝！斬斷！」接著，發生什麼事了呢？大家想出了一個方案，那就是另外再挖一個池塘，用來積蓄原本池塘裡變熱的池水。

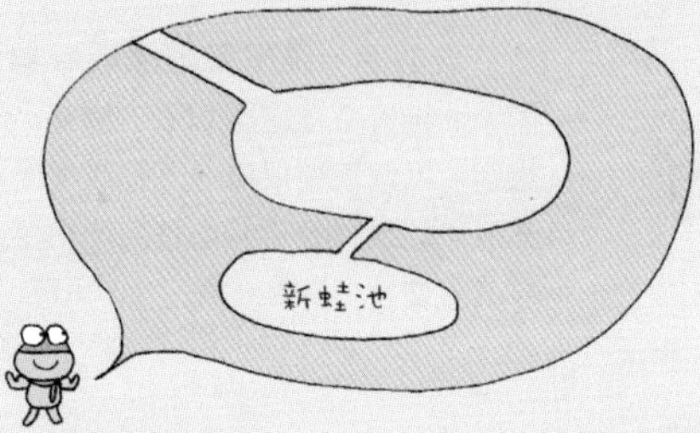

15

可是，眼前還有更大的障礙阻擋著。通往河川的路上，長滿了有刺的植物，甚至想繞道前往河川地也沒辦法。因為植物生長的面積實在太過廣大，小青蛙們都變得垂頭喪氣。

16

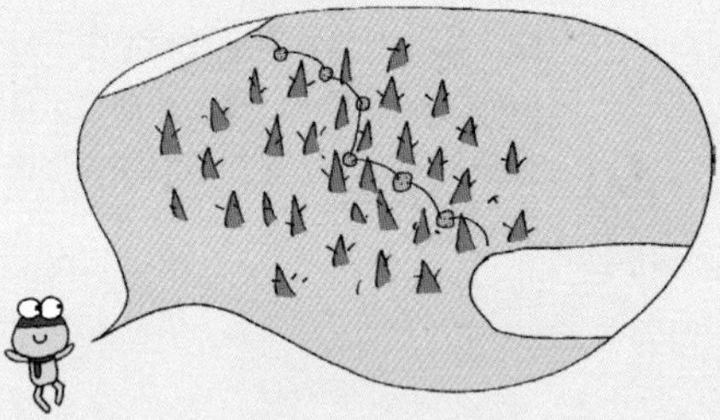

緊接著，紅蛙戰士現身了。「這件事就交給我吧！」牠高喊：「中繼目標！條件樹！」然後，發生什麼事了呢？透過條件樹，中繼目標出現了，那就是，開出一條可以讓擅長跳躍的青蛙，跳著穿越的道路。

17

「這樣的話，應該就能達成目標了。」蛙吉心裡這麼想著，然後又想到，抵達現場以後，工程該怎麼進行才能順利呢？牠心裡高興得平靜不下來。

18

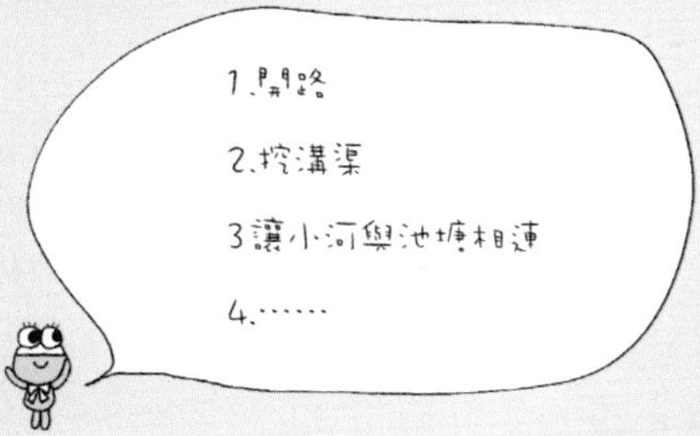

「交給我吧！」黃蛙戰士現身了，牠大喊：「確認順序！轉換樹！」然後，發生什麼事了呢？施工順序瞬間清楚呈現出來。

19

就在工程即將開始進行的時候，「既然決定要開工，不如弄成比以前更豪華的池塘，建造出我們的桃花源吧！」蛙吉這麼說。「你該不會還在頭暈吧？那種事根本不可能，一定辦不成的！」牠的朋友們取笑著說。

20

不知從何處傳來了聲音。「實現理想！可行願景！」啊！那是青蛙們的神明——蛙神的聲音。藍蛙戰士、橘蛙戰士、粉紅蛙戰士、紫蛙戰士、紅蛙戰士、黃蛙戰士，全部都集結起來了！然後，每個戰士異口同聲地大喊：「策略戰術！策略與戰術樹！」

21

然後，傳說中的「願景蛙戰士」出現了。大家的力量凝聚起來，發揮出難以想像的巨大力量，進而實現了理想。

22

這裡是「蛙池」。

有了新注入的河水之後，現在蛙吉和牠的小青蛙朋友們，每天都過著幸福快樂的生活。原本的池塘在重新打造之後，也改變了原有的功能，變成一座「青蛙溫泉」。

就這樣，「蛙池」一直維持著欣欣向榮的景象……可喜可賀、可喜可賀。

解決問題戰隊

♪解決問題戰隊青蛙戰隊之歌♪

「不論遭遇怎樣抵抗也絕不認輸
擁有堅強的心
我們是英雄　我們是…
解決問題戰隊青蛙戰隊！」

第一段

青蛙　青蛙　青蛙　青蛙戰隊
青蛙　青蛙　青蛙　青蛙戰隊
解決問題　力量無敵！
沒錯　我們就是　青蛙戰隊！！

消除對立　Clouds！
把握現況　CRT！
未來願景　FRT！

青蛙 GO！ 青蛙 GO！
解決問題　青蛙戰隊GO！

第二段

青蛙　青蛙　青蛙　青蛙戰隊
青蛙　青蛙　青蛙　青蛙戰隊
斬斷惡念　創造未來！
沒錯　我們就是　青蛙戰隊！！

中繼目標　PRT！
確認順序　TrT！
策略戰術　S&T！
青蛙 GO！ 青蛙GO！
解決問題　青蛙戰隊GO！

TOC解決問題森林地圖

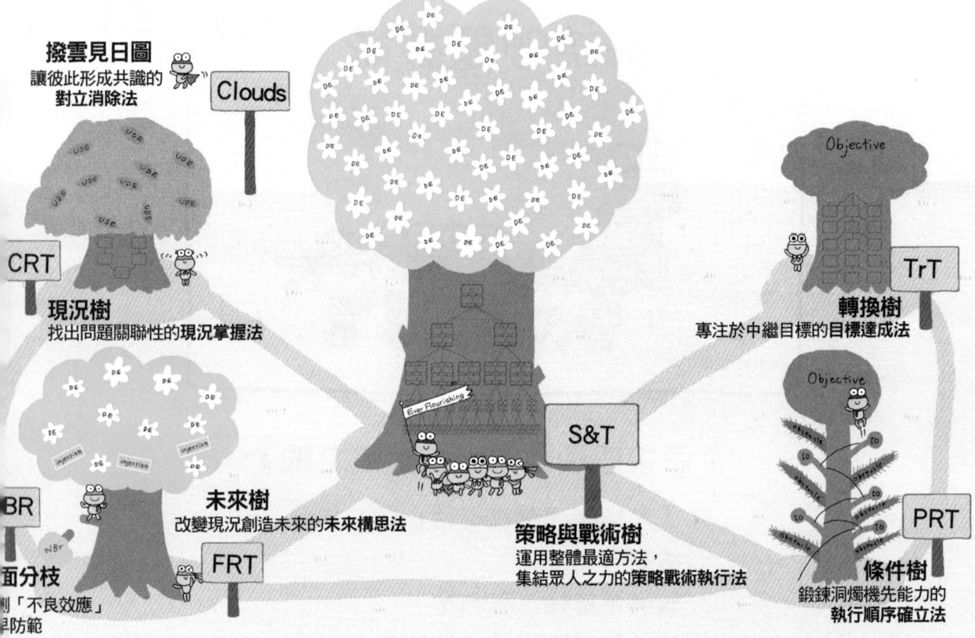

整體最適解決問題森林地圖

註釋：

1　日文中，「青蛙」和「改變」的發音相同，本書利用此雙關語，以有趣的蛙池寓言，帶出解決問題的思考流程，及改善困境、力行變革的重要性。

2　本書的寫作核心是，以色列物理學家高德拉特（Eliyahu. M.Goldratt）的限制理論（Theory of Constraints, TOC）。在運用嚴謹的因果邏輯關係所發展出來的限制理論當中，有所謂的「思考流程／思考程序」（Thinking Process, TP）問題解決模式，其中最主要的工具分別是：Clouds（撥雲見日圖，又稱衝突圖）、CRT（Current Reality Tree，現況樹）、FRT（Future Reality Tree，未來樹）、NBR（Negative Branch Reservations，負面分枝）、PRT（Prerequisite Tree，條件樹）、TrT（Transition Tree，轉換樹）、S & T Tree（ Strategy & Tactics Tree，策略與戰術樹）。

Contents

蛙池寓言……3

推薦序　企業經營之道：丟開妥協解，找出雙贏解決方案……17

前言……21

第1章

別掉進「局部最適」的陷阱！

歡迎來到整體最適**「解決問題森林」**……27

確認目標與現況之間的落差……28

頭痛醫頭，不能解決問題……30

症狀背後有複雜的成因……33

不由自主想找出罪魁禍首……36

「章魚罐」型態的職場現象……39

問題是成長的契機……41

COLUMN 原因與結果「利潤在哪裡？」……42

第2章

撥雲見日！

讓彼此形成共識的**對立消除法**……47

六個改變……49

「改變」與「不變」的對立與衝突……51
尊他、重己、時宜、妙策……59
撥雲見日圖……69
撥雲見日的解題祕訣……75
自然而然鍛鍊思考能力……77
COLUMN 唯有提出正確的質問，才能導出正確的解決對策……80

第3章 掌握問題的整體現況！

——找出問題關聯性的**現況掌握法**……89
三個撥雲見日圖法……90
勿入「局部最適」陷阱……99
「局部最適」的惡性循環……104
現況樹……108
COLUMN 確認樹圖邏輯的方法……119
Case Study 消除核心對立與衝突……124
1 管理部門的撥雲見日圖……124
2 研發部門的撥雲見日圖……133
3 製造部門的撥雲見日圖……138

4 營業部門的撥雲見日圖……145
5 找出所有撥雲見日圖的關聯性……149

第4章
扭轉不良效應！
——改變現況創造未來的**未來構思法**……161
創造良好效應……162
斬斷負面分枝……169

第5章
不受障礙阻擾！
——專注於中繼目標的**目標達成法**……177
迴避障礙的前置工作……178
進一步篩檢出隱藏障礙……185
幫助專注中繼目標的條件樹……187

第6章
有備無患！
——鍛鍊洞燭機先能力的**執行順序確立法**……193
轉換樹——以「現實、期望、行動」三項疑問來思考……196

第7章

實現理想！

——運用整體最適方法，集結眾人之力的**策略戰術執行法**……201

朝理想拉高目標……203

擁有穩定，才能成長……204

如何成為持續繁榮的企業？……207

策略與戰術互為表裡……208

連結組織上下的策略與戰術……211

將連結力轉換成組織力……216

將成功案例模板化……219

典範移轉……223

後記……231

推薦序

企業經營之道：丟開妥協解，找出雙贏解決方案

李榮貴（交通大學工業工程與管理學系教授）

國內許多規模達到一定程度的公司，多會要求中高階主管學習一種以上的問題分析與解決方法，並期待他們能夠借助所學的方法，有效分析公司的經營管理問題，尋找解決方案，成功落實解決方案，使公司能夠處於持續改善狀態。然而，事與願違，管理者無法有效解決經營問題，仍是許多公司一直頭疼的問題，為什麼？

高德拉特博士（本書所介紹的思考流程方法的發展者）認為，第一項原因是管理者在分析解決經營管理問題時，常常只針對症狀提出解決方案，而非針對造成症狀的核心問題（即病因）；症狀可能短暫被消除，然而隔一段時間後又會出現，如此「頭痛醫頭，腳痛醫腳」無法對症下藥，當然就無法有效解決問題。

第二項原因是，即使管理者找到造成症狀的核心問題，然而核心問題必是在組織存在已久的問題。核心問題會一直存在的理由，應該是過去曾採取的矯正行動，會導致其他不良效應。要克服此不良效應，管理者必須採取另外的行動，此兩項行動會產生很大衝突。例如：庫存成本太高，一直是經營管理的大問題，管理者不是不曾採取想要的矯正行動，像是降低庫存水位，不過降低庫存水位，會造成嚴重的銷售缺貨不良效應；而要克服此不良效應，管理者卻又必須採取另外一項行動，增大庫存水位，因此降低庫存水與增大庫存水位產生衝突。

大部分管理者面對衝突，傾向責怪別人，責怪別人是管理者面對衝突的方法，因此管理者只能尋找「妥協解」，然而妥協解無法有效化解核心問題。第三項原因是，即使管理者找到造成症狀的核心問題，與可以化解核心衝突的「雙贏解」（例如：降低庫存水位同時避免銷售缺貨），如果組織內從上到下，跨部門間無法有效溝通，定義正確的雙贏解決方案執行順序，雙贏解決方案也無法成功落實，當然問題也就無法有效解決。

高德拉特博士認為，有效解決問題不能只針對症狀，必須尋找造成症狀的核心問題，並以因果邏輯關係驗證，核心問題是造成症狀的主因。高德拉特博士發展撥雲見日圖（即衝突圖）定義問題，以三個撥雲見日圖方法，歸納核心衝突，並以現況樹驗證，核心衝突是造成症狀的主因。而要有效解決核心衝突，高德拉特博士認為，管理者不能只是尋找妥協解，必須挑戰核心衝突存在的錯誤假設，找到雙贏解決方案，並以因果邏輯關係驗證。雙贏解決方案確實可以得到良好效應，並且不會帶來其他不良效應。

高德拉特博士發展撥雲見日圖法，挑戰核心衝突存在的錯誤假設，尋找雙贏解決方案，並以未來樹與負面分枝驗證，雙贏解決方案確實可以得到良好效應，且不會帶來其他不良效應。至於如何化解組織內從上到下，跨部門間無法有效的溝通，定義正確的雙贏解決方案執行順序？高德拉特博士發展戰略與戰術樹，定義正確的雙贏解決方案執行順序，並以此做為組織內從上到下，跨部門間溝通架構。

高德拉特博士將其發展的方法稱為「思考流程方法」。高德拉特博士認為，其思考流程只是將自然科學活用至管理上而已。高德拉特博士也身體力行，以其所發展的思考流程，分析公司營運管理（例如生產管理、專案管理、配銷管理、行銷與業務、人的管理與財務及績效評量）的核心問題，並提出相對的雙贏解決方案。這些解決方案也廣為企業界認同與採行。

本書是第一本以東方人角度撰寫的思考流程書籍，作者岸良裕司先生，是筆者所認識日本TOC專家中最敬佩的人士。從作者以深入淺出（輔以生動的圖例）的方式介紹思考流程，可以看出，作者對思考流程的了解與內化的功力。本書是筆者所讀過思考流程書籍中，最生動的一本書，尤其是圖畫與注解最能讓讀者深入了解思考流程的內涵。本書對有興趣學習與應用高德拉特博士思考流程的人士，是值得一讀的好書。

本書出版至今，獲得讀者很大的支持，可以說是一本長銷書。今透過改版賦予它一個新的面貌，希望能繼續將好書推薦給讀者。

前言

過於理智，容易與人摩擦；順從感情，易遭情緒左右；固持己見，終至窮途末路。總而言之，人世難以安居。

這段由夏目漱石短篇小說《草枕》節錄出的句子，對於出社會後歷經各種風浪的人來說，一定會有著深刻而實際的感受。俗話說「事難兩全」，雖然心裡想著「去做不就得了」，但真正實際去做之後才發現受到許多限制。一旦開始去做些什麼，立刻就能體會何謂「樹大招風[1]」，儘管能激勵自己「那就成為不怕風吹的堅韌大樹吧！」但是在充滿阻礙的現實中，經常會陷入「事難兩全」的對立狀態。若能設法化解這種對立那該有多好；相形之下，如何在對立狀態之下靈活地穿梭運作，似乎反而更加重要。

人們其實也了解「應該要這麼做」，也清楚核心問題在哪裡，往往也知道「似乎應該做些什麼」。不過，一旦進入實際執行階段，就會完全陷入「大原則贊成，具體執行上反對」的困境。明明知道所有該做的事，但在執行上的確很困難。如果能化解這樣的對立情形，使眾人採取團隊合作的方式，和和氣氣地協力完成工作，那該有多美妙啊。

每個人都希望過著幸福的生活，因此確保安全是必要的，此時維持現狀不變就很重要；另一方面，為了過幸福的生活，勇於挑戰也是必要的，為了迎接挑戰，也就必須改變現狀。

不論是在日常生活、工作場合、人生抉擇上這種「改變」或「不變」的問題經常讓我們感到左右為難。難道沒有任何既可確保安全，又能因應重大挑戰，讓人生充實有意義且過得幸福快樂的方法嗎？然而實際上，只要出現重大的挑戰，前方經常就有陷阱等著，或者會立刻遭受某種型態的反擊或報復。由於人們都害怕這種情形發生，於是，在面臨各種狀況時，總覺得只要不犯下重大過錯得過且過就可以了。

靠思考流程解決所有問題

本書以限制理論[2]的「思考流程[3]」為基礎撰寫而成。「思考流程」在訓練思考能力上是極為有效的工具。相對於只適用於商場的一般性問題解決理論，這種思考流程，也能輕鬆地運用在解決生活周遭的問題上，並且可以自然而然地訓練思考能力。發展出這種方式的高德拉特（Eliyahu. M. Goldratt）博士曾經說過：「教導人們如何思考就是我的人生。」而且，他抱持兩個堅定的理念，那就是：

人類天性是善良的

事物本質是簡單的

TOC理論的各種方法，便是植基於前述兩個理念而建立，範圍涵蓋生產管理、專案管理、供應鏈管理、銷售、行銷、教育、會計、整體最適化的組織變革等各種領域，並且在短期間不斷創造出亮眼的成果，讓包含日本在內的全世界都為之震撼。此外這些劃時代的方法，若說幾乎都是藉由「思考流程」產生，也絕對不會言過其實。

TOC理論至今仍在進化當中，它進化的方式非常獨特，通常以簡單易懂兼具可行性的型態不斷進化。本書希望盡可能採取TOC理論的最新方法，透過整體最適化的變革，在組織裡的某個階層進行調和，並針對「如何進行」的具體方法，運用「策略與戰術樹」詳細說明。

老實說，我並不擅長使用艱澀的詞彙，或許應該說，非常討厭艱澀的詞彙[4]。這大概是與我自身的實務經驗有關。在人生當中，在各種組織裡頭，我們實際接觸的人，絕大多數都是普通人，我也是其中之一。和普通人共事時，如果不能使用簡單易懂的話語溝通，那麼變革不論規模大或小，都難以期待能夠獲得成功。似懂非懂地賣弄艱澀的詞彙，結果只是在大家面前自曝其短。

即使把所有的棒球手冊或棒球書籍通讀透徹，熟背所有的棒球規則、理論或歷史，也不代表就是「會打棒球的人」。常言道：「知易行難。」這是非常重要的觀念。

本書不使用艱澀的詞彙，盡可能以白話的方式，使讀者更容易理解，並且樂在閱讀，讓完全沒聽過TOC理論的人，或者不了解「思考流程」的人，對生活周遭的問題，甚至是大型組織變革的問題，都能透過整體最適的觀點，順利解決問題，並在無形中強化自己的思考能力。本書就是為了達成這些目標而撰寫。

「以和為貴」過有意義的人生

我們從孩提時代開始，就不斷在特定場合被教導「以和為貴」。我總覺得，在人生舞台上，這句話對人類行為的巨大影響，遠遠超出我們的想像。愈是實踐TOC理論，就愈能充分體會這句話蘊含的深意。這也是理所當然的。在對立的情況下，所能獲得的「產出[5]」很少，反倒是失去更多產出。「為對方設身處地著想，並且站在相同立場思考，然後體諒對方。」我們從小就不斷被告知這些有多麼重要。我們也很清楚知道，只要大家同心協力，產出將非常可觀，而且也不只是在產出上取得出色成果，在實質意義上，也能拓展人際關係、建立信賴關係、獲得充實感甚至有時備受感動。如果能這樣度過每一天，人生必定充滿意義。

不論是生活周遭的問題，或者是組織內錯綜複雜的問題，只要將這些問題簡化，眾人一團和氣協力解決，那麼每天都能過著充滿信賴感的生活。我想，讀者在閱讀本書之後，便可獲得，能達成上述理想的整體最適「問題解決力」。

在研討會結束後高德拉特博士通常會以下面這句話作結。

「過有意義的生活。」

本書若能稍稍有助於人們過著以和為貴、開朗樂觀、充滿信賴關係的充實生活，那麼也是身為作者著書之餘，意想不到的欣喜。

（這也是為了過有意義的人生。）

1 譯按：原書文意是指，突出的木樁，一定會被槌成和其他木樁差不多的高度。（Stand out from the crowd and you just invite trouble for yourself.）

2 Theory of Constraints，或譯為「約束理論」、「制約法」，以下簡稱ＴＯＣ理論。

3 Thinking Process 也譯作「思維程序」。

4 甚至厭惡到作嘔的程度。在我年輕的時候，學了不少新穎的經營理論，而且還在許多具有實務經驗的人面前賣弄，對此我有過深刻的反省。那些理論我也不是真的很懂，只是會說明那些專有名詞而已，心裡便洋洋得意。我在賣弄那些艱澀的詞彙時，其實只是讓周遭的人一頭霧水。如今回想起來，只感覺到可恥而已。或許那是一種叫做「知識熱」的病吧。

5 也不是說在對立狀態就毫無產出，對立狀態下會產生憤怒、憎恨、嫉妒之類的負面情感；只是這些不太能稱之為產出而已。

c h a p t e r

1 別掉進「局部最適」的陷阱！

——歡迎來到整體最適**「解決問題森林」**——

我們的周遭充滿問題，不過，若是能以問題本身為契機，也可能獲得大幅躍進的豐碩成果。歡迎來到整體最適的「解決問題森林」！

確認目標與現況之間的落差

「利潤無法提高」、「新產品開發太慢」、「員工彼此無法互助合作」、「開會次數與報告書過多」、「顧客滿意度下降」、「工作動機低落」、「競爭日益激烈」、「市占率降低」、「銷售量無法提高」、「營業力下降」、「產品力下降」、「無法阻止產品價格下跌」、「庫存過剩的困擾」、「研發計畫過多」、「生產成本無法降低」、「經常發生交貨延遲的情況」……

「這些問題再這麼下去真的可以嗎？」雖然心裡這麼想，但是日復一日的工作，已經使人暈頭轉向，每天光是處理眼前的事，不知不覺中，人早已經筋疲力竭。

上述所有情況，雖然不至於同時一起發生[1]，但我們周圍的環境確實充滿問題。「所謂的問題，就是目標與現況之間的落差。」這句話真是說得好極了。換句話說，若能解決上述問題，便算是達成目標了。下頁圖1，在「目標」與「現況」之間，列舉了前文列出的所有問題。從圖1下方「現況」往上看到「目標」，逐一檢視其間所有問題，就能重新體認距離目標究竟還有多遠，現實情況是否嚴峻。

圖1　所謂的問題，就是目標與現況之間的落差

目　標

問題

UDE16	交貨延遲
UDE15	生產成本無法降低
UDE14	研發計畫過多
UDE13	庫存過剩
UDE12	無法阻止產品價格下跌
UDE11	產品力下降
UDE10	營業力下降
UDE9	銷售量無法提高
UDE8	市占率降低
UDE7	競爭日益激烈
UDE6	工作動機低落
UDE5	顧客滿意度下降
UDE4	開會次數與報告書過多
UDE3	彼此無法互助合作
UDE2	新產品研發太慢
UDE1	利潤無法提高

現　況

那麼，所有問題如果解決了，情況會變得如何？只要把上述所有負面表列的事項，倒過來想就是了。

「利潤持續提高」、「新產品研發進度提前」、「員工彼此互助合作的企業文化」、「不必忙著開會或寫報告工作就有進展」、「顧客滿意度提高」、「工作動機提升」、「銷售量不斷提高」、「即使競爭再激烈也能勝出」、「市占率提高」、「營業力不斷提升」、「產品力在各方面表現都很強」、「產品價格不再下跌」、「庫存量大幅降低」、「沒有研發計畫過多的問題」、「生產成本降低，利潤增加」、「幾乎沒有交貨延遲的情況」……

頭痛醫頭，不能解決問題

要解決上述所有問題，確實是非常不容易的事。即便試著解決其中一個問題，但只要愈清楚現實狀況，就會愈感到束手無策。不過，我們絕不能坐視不管，必須竭力解決各個問題。

如果「利潤無法提高」，那就開始實施削減成本運動……如果「新產品研發太慢」，那就加強研發進度的管理……如果「彼此無法互助合作」，那就在工作現場張貼團隊合作的標語……如果「開會次數與報告書過多」，那就提升電腦資訊技術，協助製作大量的報告書……如果「顧客滿意度下降」，那就開始調查顧客滿意度……如果「工作動機低落」，那就試著誘發工作動機……如果「競爭日益激烈」，為了不在競爭中落敗，那就不惜以削價方式對抗……如果「市占率降低」，那就討論提高市占率的策略……如果「銷售量無法提高」，那就設法激起第一線銷售人員的幹勁……如果「營業力下降」，那就導入對營業進展狀態可以一目瞭然的系統……如果「產品力下降」，那就加強研發或行銷……如果「無法阻止產品價格下跌」，那就舉辦讓消費者覺得物超所值的活動……如果有「庫存過剩的困擾」，那就開始減少庫存……如果「研發計畫過多」，那就讓研發部門的員工加班努力……如果「生產成本無法降低」，那就實施可削減成本的作業……如果「經常發生交貨延遲的情況」，那就逐月計算交貨延遲率，確實地進行管理……

以上行動絕不是偏離改善營運重點的對策，相反的，這些都是理所當然的一般對策。然而，不可思議的是，即使採取上述行動，業績出現明顯改善的實例，卻少得驚人。這究竟是怎麼回事呢？

「利潤無法提高」、「新產品研發太慢」、「彼此無法互助合作」等前文所列舉的各項疑難狀況，就是所謂的「問題」嗎？若由「問題是目標與現況之間的落差」定義來看，上述事項不過是在目標與現況之間，可以見到的各種現象，與其稱之為問題，不如說是「不良效應」[2]，是我們不樂見的現象。

在日常生活中，我們很自然地會去區分症狀與原因。舉例來說，咳嗽是一種症狀，引起咳嗽的原因則是疾病；然後，按照原因、疾病的不同，使用各種藥物進行治療。如果是過敏，就使用過敏藥物治療；如果是肺炎，就使用肺炎藥物治療；如果是流行性感冒，就使用流行性感冒的藥物治療。扼要地說，不是針對症狀治療，而是針對病因進行治療。

在先前所舉的例子當中，為了診斷出你的症狀是哪種疾病導致的，醫生會進行一般性的問診。例如每年一到春初，鼻水就流個不停，眼睛搔癢難耐，醫生見到這種症狀，或許會認定是過敏，於是進行過敏的相關檢查。如果檢查結果是陽性，或許會診斷為花粉症。原因在於，醫生認定流鼻水和眼睛搔癢等症狀，原因就是花粉症。換句話說，乍見之下所有的症狀都不相同，但其實真正的原因只有一個，所有症狀全是花粉症導致的。針對原因進行適當處置，是理所當然的治療方式。

希望醫師基於這種思考方式，治療我們最重視的身體，自然是我們的衷心期盼。既然如此，當我們面對生活周遭問題的時候，也可以採取相同的思考模式，探究原因解決問題吧？

那麼，接下來讓我們試著探究上述現象背後真正的原因。首先，將這些現象如圖2般呈現，然後考考自己，現象間的因果關係會如何彼此關聯。

症狀背後有複雜的成因

你連出現象間的關聯性了嗎？為何利潤無法提高？假如仔細思考，那不就是庫存過剩、市占率低、生產成本無法降低、產品價格跌落、銷售量無法提高等，交互影響之下導致的狀況嗎？

銷售量無法提高，不僅是營業力下降而已，也是市場競爭日益激烈、產品力下降所引起的。

圖 2 試試看，動手找出不良效應之間的關聯性

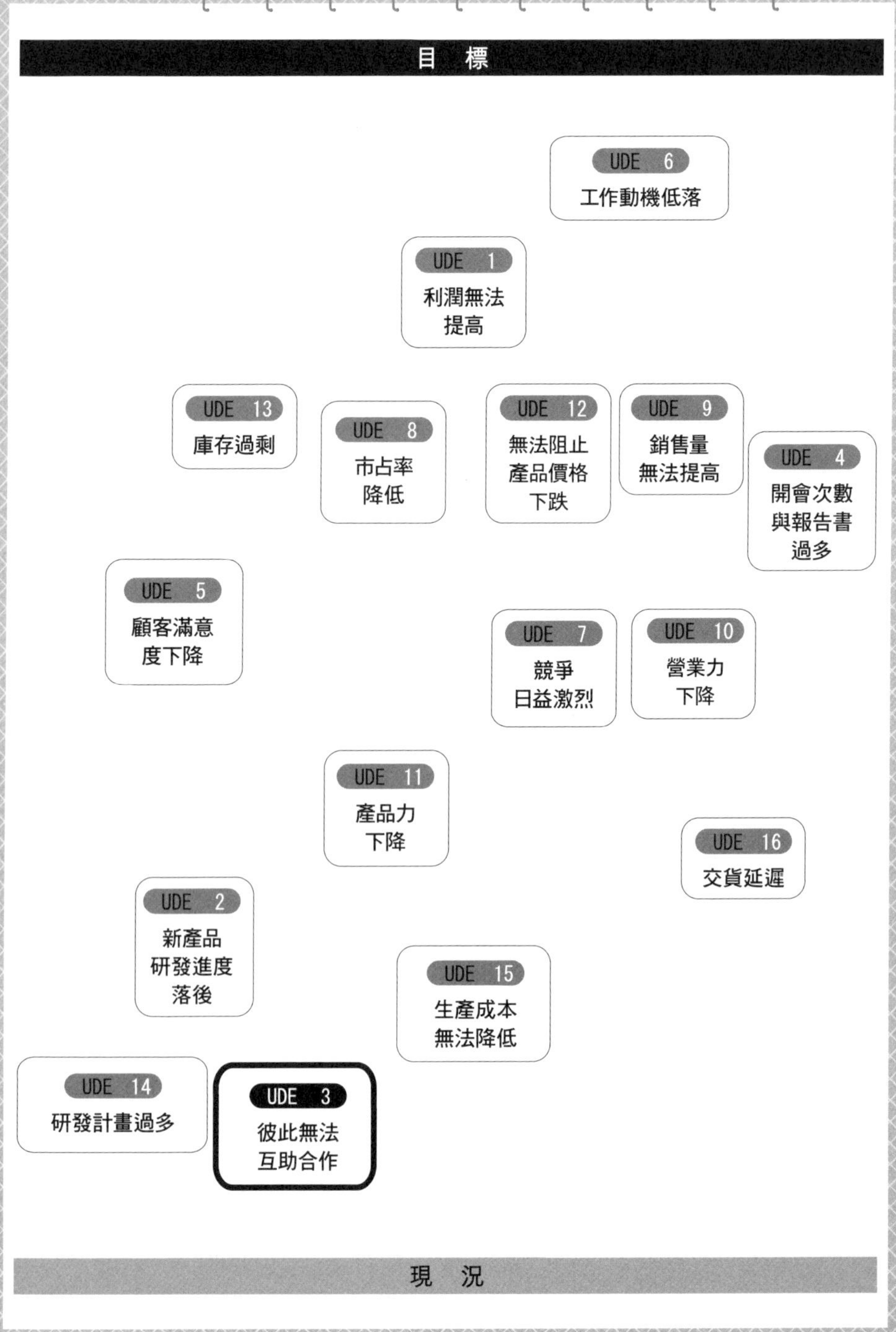
目標
UDE 6
工作動機低落
UDE 1
利潤無法提高
UDE 13
庫存過剩
UDE 8
市占率降低
UDE 12
無法阻止產品價格下跌
UDE 9
銷售量無法提高
UDE 4
開會次數與報告書過多
UDE 5
顧客滿意度下降
UDE 7
競爭日益激烈
UDE 10
營業力下降
UDE 11
產品力下降
UDE 16
交貨延遲
UDE 2
新產品研發進度落後
UDE 15
生產成本無法降低
UDE 14
研發計畫過多
UDE 3
彼此無法互助合作
現況

營業力下降，不就是產品力下降、庫存過剩、員工彼此無法互助合作導致的嗎？在產品力下降、競爭日益激烈的情況下，無法阻止產品價格下跌，不也是沒有辦法的事？

既然競爭日益激烈、營業力下降、產品力下降、顧客滿意度下降，那麼自然會導致市占率降低。

庫存過剩也是有理由的，在顧客滿意度下降、產品力下降、營業力下降的情況下，庫存出現過剩的現象同樣無可奈何。

顧客滿意度之所以下降，難道不是因為新產品開發太慢、產品力下降的緣故嗎？新產品研發進度太慢，不就是研發計畫過多、第一線工作現場無法互助情況下想當然耳的結果？

在銷售量無法提高、利潤無法提高的狀態下，逐漸出現上述各種不良效應，為了擬訂相應對策，開會次數與需要撰寫的報告書不斷增加，自然也變成員工過重的負荷，大家的工作動機，當然也就跟著漸次低落了。

如果大家工作動機低落，那麼在工作現場也會失去彼此互相協助的心情。

如果這樣思考，前面列舉的所有症狀，則如圖3顯示的一樣，大致上以某種型態與其他症狀交互影響。對於出現症狀的當事人來說，逐一檢視那些現象，便可清楚其症狀是肇因於數個相關現象的核心原因。銷售量之所以無法提升，絕對不會只是在營業方面出狀況，而是在各種錯綜複雜問題的交互影響下，才會產生這種症狀。

不由自主想找出罪魁禍首

各種不良症狀的原因全都在外部，認清這個事實比想像中來得重要。「原因在外部」的現實，使得造成各種不良症狀出現的理由，全都可以歸咎到外部。實際上，從圖3歸納的關聯性就能了解，在連結外部現象之後，便可找出核心原因。於是「研發部門不好」、「製造部門不好」、「營業部門不好」，部門之間彼此推託也就不是毫無原因的了。「是這個不好，是那個不好」，讓人不由自主地想找出罪魁禍首，這也顯示出部分事實。

請仔細檢視圖3。愈往圖3的下方檢視，就愈清楚接近核心問題的現象。因此，解決位於圖3底部的現象非常重要。或許可以這麼說：「核心問題在於『彼此無法互助合作』的組織文化。」

圖3 找出來了嗎？不良效應之間有複雜的關聯性

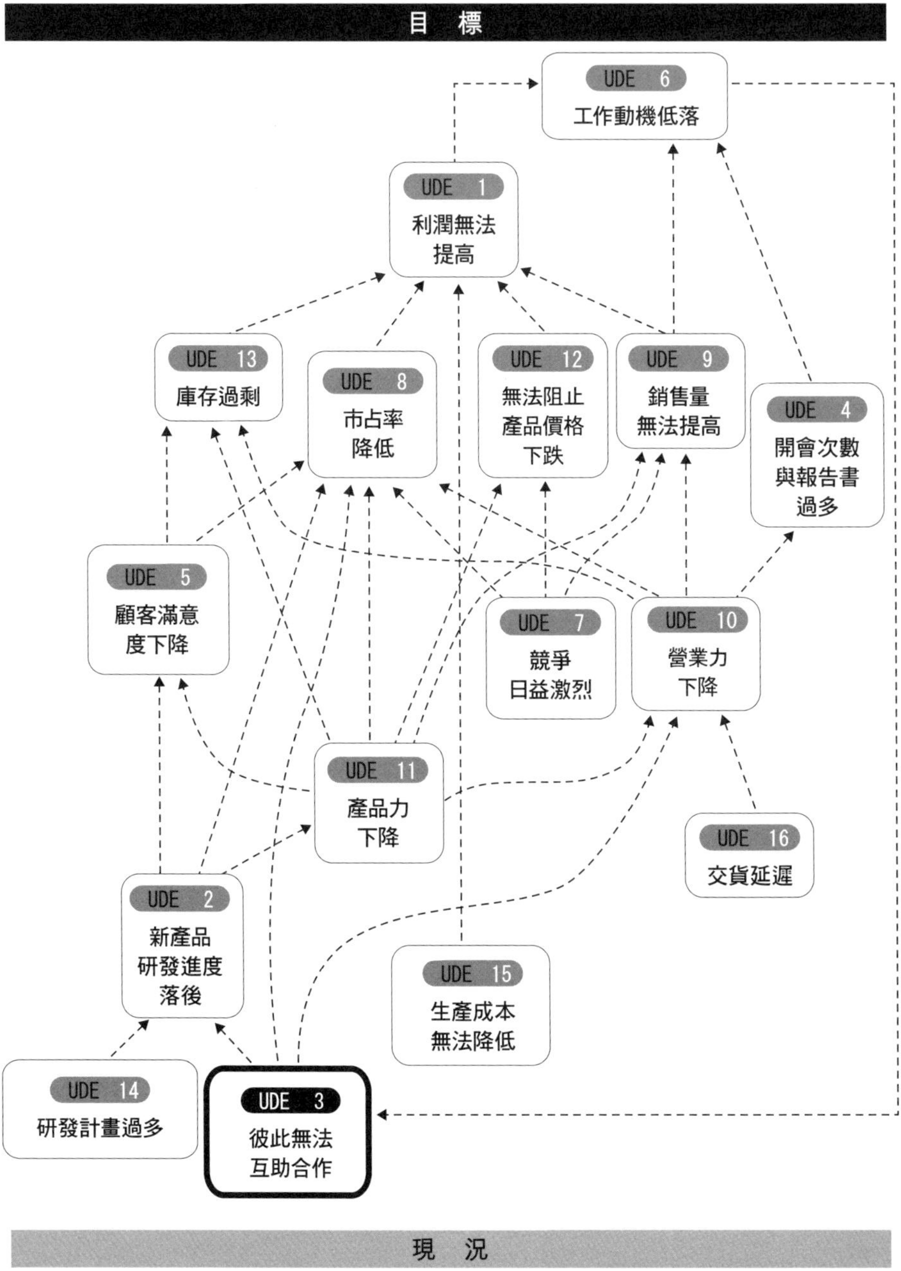
目　標
UDE 6
工作動機低落
UDE 1
利潤無法提高
UDE 13
庫存過剩
UDE 8
市占率降低
UDE 12
無法阻止產品價格下跌
UDE 9
銷售量無法提高
UDE 4
開會次數與報告書過多
UDE 5
顧客滿意度下降
UDE 7
競爭日益激烈
UDE 10
營業力下降
UDE 11
產品力下降
UDE 16
交貨延遲
UDE 2
新產品研發進度落後
UDE 15
生產成本無法降低
UDE 14
研發計畫過多
UDE 3
彼此無法互助合作
現　況

但是，希望讀者們仔細思考。要如何將現在彼此無法互助合作的組織文化，改變為「彼此互助合作」的組織文化？公司高層高唱著「大家彼此互助合作吧！」管理高層、中階主管、單位小組領導人，以及第一線工作人員，大家相互唱和「彼此互助吧！」的口號，就真的會彼此互助合作了嗎？

在工作現場張貼大型海報，然後印製發放呼籲彼此互助的標語，大家就會彼此互助合作了嗎？

冷靜地思考以後，「彼此無法互助合作」也只是問題的症狀，難道彼此無法互助也有外部原因存在？

圖4 彼此無法互助合作有其原因存在

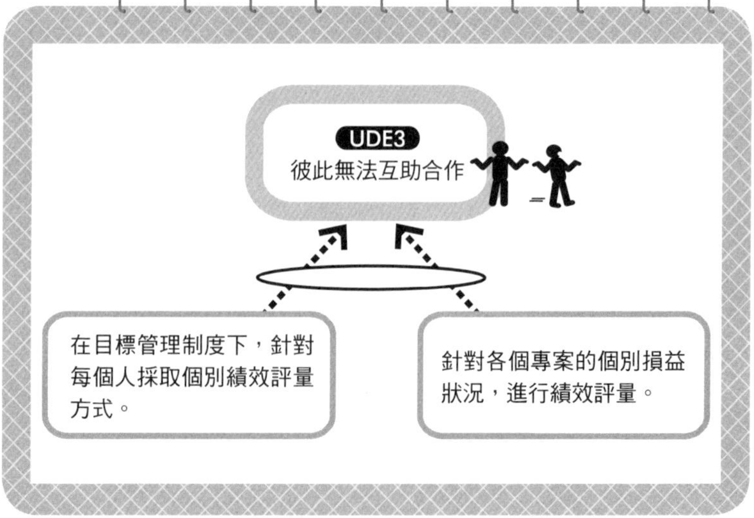
UDE3
彼此無法互助合作
在目標管理制度下，針對每個人採取個別績效評量方式。
針對各個專案的個別損益狀況，進行績效評量。

舉例來說，組織裡的每一個成員，都受到個別目標管理制度的嚴格管理，因此被要求相互競爭，但對於專案領導人的績效，卻是針對各個專案的個別損益狀況進行績效評量。若是組織內部彼此間競爭激烈，縱使個性再好，不肯幫助其他人也是無可厚非的吧？我覺得，若是自己處於這種情況下，自己的工作或者管理自身團隊的表現，就已經忙不過來了，即使組織高層每天叮囑「彼此互助合作」，甚至聽到耳朵都長繭了，大概也沒有多餘的氣力協助其他專案小組。

「章魚罐」型態的職場現象[3]

只考慮到自己的工作場合，通常被稱為「章魚罐場合」。我認為「章魚罐場合」並非自然產生，而是人為製造出來的。

我總是使用「局部最適」這個詞彙批評章魚罐場合；「整體最適」[4]則是用來與它對照的詞彙。相較於局部最適，這詞彙聽起來是很響亮，不過當它被提出來全面探討的時侯，總讓人感覺是強迫命令式的刻板論調。整體最適的概念，原本就不易理解。「對整體來說最適當」究竟是什麼意思呢？當在思考從哪裡開始才算是「整體」的時候，就等於設定了範圍，如果從更廣的領域去思考，其實也不過是「片面」而已。換句話說，那也是一種「局部最適」。「整體」的意義，其實與「整體主義」這個詞彙，有微妙的差異。我一直煩惱如何對「整體」一詞下定義。某一天，我的腦海裡突然掠過了「和」這個字。在溫故知新一番之後，原本的煩惱也一掃而空。

凡是日本人都知道，「和」真的是一個優美典雅的文字。查閱《廣辭苑》（第五版，岩波書店）可以找出「和」的定義：「①安詳、平靜、恬靜之意。『和氣、柔和、溫和』；②和睦、和平之意。『締和』，『和解、親和、不和』；③加在一起、混合得很好的意思。『和解、調和、中和』；④兩個以上的數字相加所得的值。『求和』，『總和』；⑤日本（大和國之意）。」

改變「章魚罐現場」，大家彼此互相協助，處處以「和」作為行為準則。如果真能實現，那該有多好。

不過這真的有可能達成嗎？為了讓大家彼此互助，究竟有什麼是需要改變的？

假使，知道有什麼是需要改變的，又該改變成怎樣才好？

然後，即使清楚應該改變成怎樣，又該做些什麼來改變？

而且，在我們的日常生活中，實際情況就是周遭充滿了阻礙！

問題是成長的契機

你不必擔心。接下來我們就前往「解決問題森林」吧！接著要介紹的每一棵「樹」，會傳授我們絕妙的魔法。如果能靈活運用所有的樹圖，那就沒有什麼好怕的了！此外，無論是哪一種樹圖，本身都擁有強大的力量。因應各種狀況，不論是單獨使用或綜合運用都ＯＫ！而且在實踐的過程中，也能鍛鍊自己的思考能力與解決問題的能力。然後，就會自然而然地認為，問題本身便是未來飛躍的契機。

請參閱第十二頁，仔細觀看「整體最適解決問題森林地圖[5]」。這張思考流程導引圖，簡單介紹了每一種樹圖的功能，提供讀者作為參考。

Column

原因與結果「利潤在哪裡？」

所謂的因果關係，指的是基於什麼原因產生什麼結果。圖5擷取自本書圖3的「利潤無法提高」。從圖3來看，「利潤無法提高」是原因嗎？抑或是結果呢？

「利潤無法提高」的現象，是「庫存過剩」、「市占率降低」、「生產成本無法降低」、「無法阻止產品價格下跌」、「銷售量無法提高」的原因交互作用下產生的結果。我們可以清楚地從圖5看出來。

一般來說，企業的管理高層，都會定期（例如逐月）掌握獲利的狀況，在每個月的例行會議上，或者在工作第一線上大聲激勵，這是針對獲利結果進行管理。針對結果進行管理的方式，通常稱之為「結果主義」。然而，「結果主義」不可能發揮良好的效果。從邏輯角度來看，與其等到結果出來才哇哇大叫，倒不如在結果出現之前，便予以處理。這才能稱之為管理。

愛德華．戴明（Edwards Deming）博士曾經說過品質是在生產流程中創造出來的。然而，利潤是流程產生的結果。依照這樣的邏輯，重視產生利潤的原因與其流程，並加以管理，其重要性自然不在話下。

原因與結果之間的關係，稱之為因果關係（Cause-Effect）。「這個和那個之間，是不是有因果關係？」之類的話，我們經常掛在嘴邊。一般來說，我們曾經被這麼教導過，一出現問題，就要「重複自問五遍為什麼？」重複自問五遍「為什麼」，並不是要去質疑「症狀」，也就是結果本身，而是要去探究真正的原因，找出根本對策，這一點非常重要。深入挖掘問題，愈深入就愈能接近核心原因，解決少數的核心問題後，其他問題的相關症狀，也會像產生連鎖反應

圖 5　注意因果關係

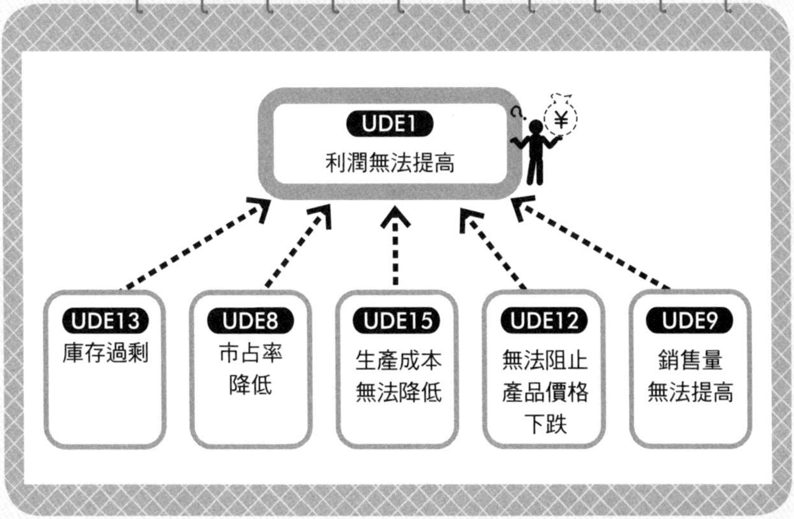

似的，得以一併解除。

圖5的邏輯關係，是以「箭頭符號」表示關聯性。這些「箭頭符號」，比想像中來得重要。以箭頭符號表示的「關聯性」[6]，在圖5中顯示出，數個被稱為「問題」的不樂見症狀之間的因果關係。這是解決問題的關鍵所在。在《廣辭苑》[7]裡，所謂的邏輯性，是「比喻事物關聯性法則的用語」。換句話說，「關聯性」本身在邏輯上非常重要。即使乍見之下，症狀個別獨立而不具關聯性，如果以箭頭符號顯示其關聯性，在邏輯上及視覺上都能讓各個症狀間的關係，顯得簡單明瞭。即使問題乍見之下很複雜，如果注意症狀之間的「關聯性」，便有可能輕鬆解決。因此，從生活周遭發生的問題，到複雜的組織問題，都能以注意因果關聯的方式，廣泛運用。

1　也有遭遇過所有狀況的人，那就是我和我的朋友。老實說，這些問題，就是我每天要面對的各種問題。雖然宣稱「經營就是解決問題的行業」的經營者很多，卻往往找不到問題的真正原因。

2　在TOC理論裡，這些通常稱之為「不良效應」（Undesirable Effects, UDE），縮寫為UDE。不良效應亦可翻譯為不期待現象、不樂見現象、不利因素、困擾現象、不適效果因素。

3　章魚罐，日文是蛸壺（たこつぼ），章魚無法捕撈或垂釣，因此漁民利用章魚喜歡鑽進岩洞躲藏的習性，燒製小陶甕，用繩索綁成一串，垂入海底。通常在黃昏時垂下，至隔天清晨時拉上來，就會有不錯的收穫。捕章魚罐底部的小洞用來排水，如此可以減輕拉上來時的重量。在日本企業經營理論上，有所謂的「章魚罐理論」，亦即將公司組織的封閉與盲從比喻為章魚罐。舉例來說，公司的各部門，例如研發、生產、營業部門，都待在各自的「章魚罐」中，以鄰為壑、自絕於外部。

4　高德拉特博士使用的則是「Holistic」。在哲學上可以解釋為「整體論」：「整體不能視為部分的總和，所謂的整體論，就是以整體進行原理性考察的思考方法。」（出自廣辭苑第五版，岩波書店）由於使用「整體論」這種哲學用語顯得太艱澀，因此本書使用一般常用的「整體最適」這個詞彙。

5　當TOC-ICO（TOC國際認證機構）會長阿蘭巴納德（Alan Barnard）見到這張地圖的時候，曾經稱讚：「簡單而睿智（Simply Brilliant）！」請讀者務必學會如何活用。

6　大多數解決問題的方法，都是先分析被稱之為「問題」的症狀本身，然後再找出解決對策。其結果，完全忽略症狀之間的整體關聯性。稍不留意，很可能就會陷入「見樹不見林」的狀況。以「箭頭符號」所表示的因果關係，特別著重個體與整體之間關係、調和及關聯性，似乎是非常符合「東洋風格」的方法。

7

《廣辭苑》真是一本了不起的字典。光是查找詞彙的詞義，就會有許多意想不到的發現。俗語說，溫故而知新，查找《廣辭苑》正是一種溫故知新的好方法。

c h a p t e r

2 撥雲見日！

——讓彼此形成共識的**對立消除法**——

如果無法避免衝突與對立，是否真的只能選擇放棄？本章介紹不必委屈妥協，就能完全消除對立的方法。

「改變」這兩個字，或許是現今世上使用得最頻繁的詞彙。不僅是在國內，即使是在國外、企業經營現場、政界、電視談話性節目裡，「改變」這個詞彙也經常使用，並且受到正面的評價。問題是只要有「改變」的一方出現，也意味著會有「被改變」的另一方出現。在激烈的抗拒過程當中，另一方通常被冠上「抗拒勢力」這樣的稱謂，而且直接將抗拒者當成壞人看待的也不在少數。

「改變」真是一個不可思議的詞彙。雖然在各種場合都能見到「改變」被廣泛使用的情形，卻很少見到有人會明確地針對「改變」進行以下的討論。

要改變什麼？

改變成什麼？

如何造成改變？

上司在會議現場總會向大家精神喊話：「要進行改變！」在這種場合，我也知道直接反問「改變雖然很好，可是能具體地說出要改變什麼嗎？」會引起上司的厭惡。所以，過去的我，曾經試著揣摩上意，一邊思索：「雖然不知道該改變些什麼，那就以自己的角度來解釋看看好了……如果有機會的話，再試著向上司提出自己的看法，或許會得到嘗試的機會……」一邊「嗯、嗯」老實地點頭。然而，不知不覺中，隨著歲月的流逝，現在發現換成自己[1]對著周圍的人高喊：「要進行改變！」

這真是一件不可思議的事。

六個改變

往往，只要有人說出「改變」兩個字，就會遭受強烈的抗拒[2]，這乃是人之常情，而抗拒通常會以下列情

圖 6　「改變」與「不變」的對立

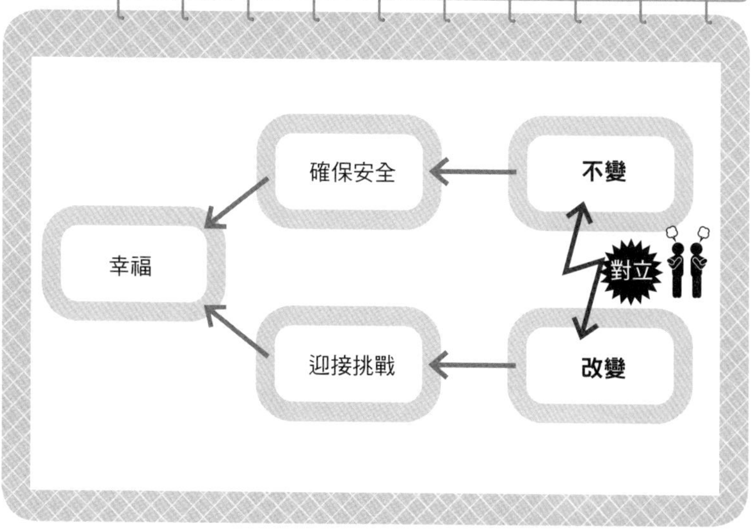

況接踵而至：

①打算致力解決的問題，大家卻不認為那是問題。
②負責著手解決問題的成員之間，無法取得共識。
③大家不認同解決問題的方法可以解決問題。
④執行解決問題的方法時，產生負面的問題。
⑤在實地執行解決方法之後，由於產生了阻礙，大家因此認定這項方法不切實際。
⑥對於未知的事物感到恐懼。

然而，對於上述的抗拒，只要透過以下三個步驟，就可以進行改變。

要改變什麼？
改變成什麼？
如何造成改變？

本書一貫的邏輯，由上述三個步驟構成。希望大家讀完本書後，能將上述六個抗拒轉變成下面六個改變。

①試圖了解打算解決的問題。
②著手解決問題的成員之間取得共識。
③大家一致認可解決問題的方法，是可行的。
④即使執行解決問題的方法，也不會產生負面的問題。
⑤實地執行解決方案後，雖然發生預料中的阻礙，但是巧妙地迴避了阻礙。
⑥毫無所懼地切實執行。

為了幸福，必須確保安全。因此，不改變目前的生活，維持現狀最好；另一方面，為了幸福，必須迎接挑戰，因此改變是必要的。一方主張「不變」，另一方主張「改變」。兩者的對立與衝突，不論是在組織內部充滿各種複雜、阻礙的職場上，或者是在日常生活裡，我們的內心經常會出現這種糾葛，不是嗎？

「改變」與「不變」的對立與衝突

對方認為，為了「幸福」，必須「確保安全」，所以認為「不變」是必要的。另一方面，我們認為，為了「幸福」，「迎接挑戰」是必要的，因此必須考慮因應改變。雖然圖6中只有五個項目[3]，可是它要告訴我們的比我們想像中的還要多。

為了「幸福」，對方覺得「確保安全」是必要的，為什麼會有這種想法呢？

凡是人當然都會追求安全[4]。即使還未達到危及生命的程度，但只要有可能身陷危險，想要獲得幸福無異是緣木求魚。

那麼，為了能讓自己「幸福」而認為必須「迎接挑戰」，又為什麼會有這種想法呢？如果挑戰後成功了，便會獲得很高的成就感，而且挑戰愈大，所能獲得的成果就愈大，也可以獲得更大的幸福。原本為了要獲取成功，挑戰行為的本身就充滿了樂趣。

圖7的虛線只包含三個項目，為了追求幸福，不論是確保安全，或者是迎接挑戰，都不能說有哪個是不對。問題是，在完完全全確保安全無虞的狀態下，不可能又同時能成功因應重大挑戰，世上不會有這等大快人心的事。在馬斯洛的人類需求五層次理論裡，即使人類「安全需求」得到了滿足，也會同時考量「受他人尊重的自尊心需求」、「自我實現的需求」，或許「確保安全」與「迎接挑戰」正可說是人類的本性，因為挑戰成功會獲得很大的成就感、挑戰本身就讓人亢奮，為了自我實現，所以必須迎接挑戰。換句話說，二者都是我們必需的，寧可希望二者同時達成。非但如此，一般而言人類必須

以安心為基礎[5]才能迎接重大挑戰。

妥協是第一步

那麼，為了「確保安全」，所以認為必須「不變」，這是為什麼呢？

從以前到現在，都這樣走過來了，事到如今，即使不因應任何挑戰，往後或許也能順利地走下去；如果完全改變，風險過大，或許就不能繼續過著安定的生活。這是非常恐怖的事。此外，說不定

圖7　不衝突對立的兩種需求

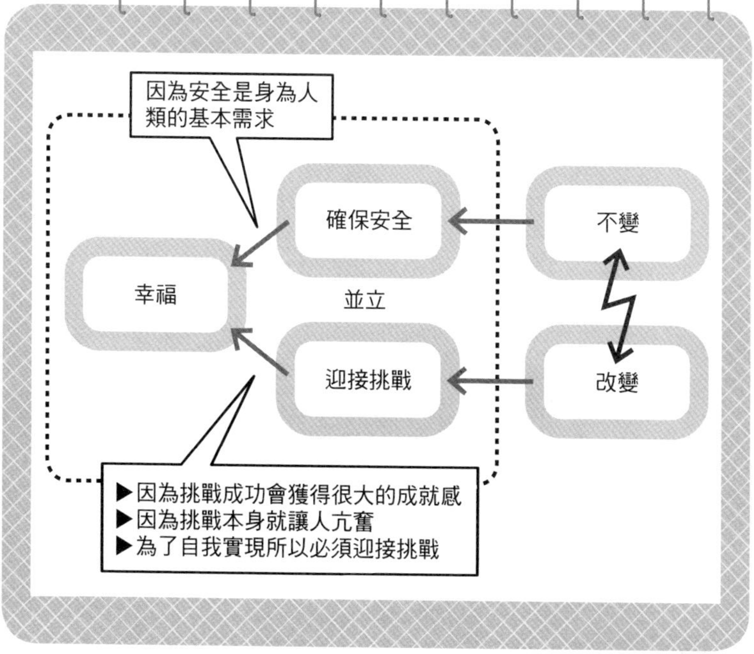
因為安全是身為人類的基本需求
確保安全
不變
幸福
並立
迎接挑戰
改變
▶因為挑戰成功會獲得很大的成就感
▶因為挑戰本身就讓人亢奮
▶為了自我實現所以必須迎接挑戰

先前硬被要求得跟著「改變！改變！」的口號起舞，結果卻弄得狼狽不堪，或許大家已經對「改變」感到厭煩。人會抗拒改變，因此實際進行改革之後，便會遭受強烈的抗拒，而常出現改革受挫的情況。第一、如果失敗那就糟糕了，或許會喪失好不容易才得到的安穩地位。

那麼為了「迎接挑戰」，所以認為必須「改變」，這是為什麼呢？

我們面對的環境，通常會隨時產生變化。過去市場

圖 8 馬斯洛需求理論

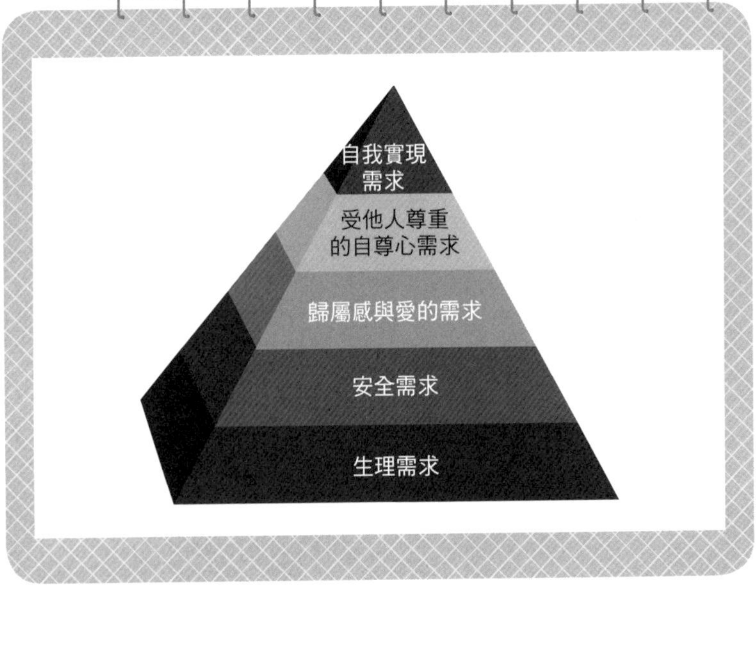

競爭就很激烈，如今更勝以往，而且也很難認定，今後會出現趨緩的傾向。在日益嚴峻的環境下，如果自身不因應改變，或許風險會非常高。達爾文的學說曾提到：「能生存下來的物種，既非最強，也非最具智慧，而是那些最能適應變化的物種。」根據他的學說，改變是必要且不可欠缺的。

圖9　產生對立與衝突的項目

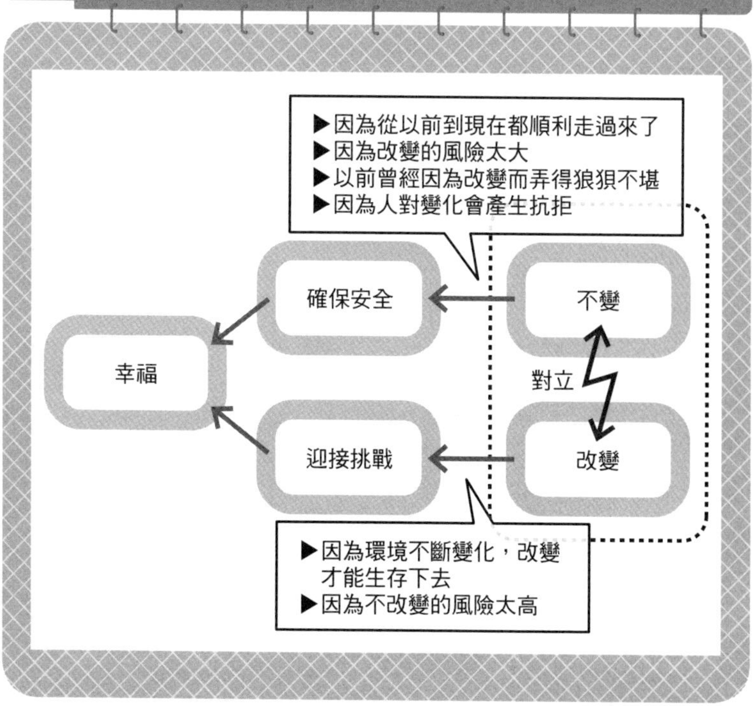
▶因為從以前到現在都順利走過來了
▶因為改變的風險太大
▶以前曾經因為改變而弄得狼狽不堪
▶因為人對變化會產生抗拒
確保安全
不變
幸福
對立
迎接挑戰
改變
▶因為環境不斷變化，改變才能生存下去
▶因為不改變的風險太高

讓我們再試著觀察，討論到目前為止對立與衝突的結構。為了「幸福」，「確保安全」以及「迎接挑戰」都是必要的，二者其實並不會產生對立情況；非但如此，兩者還可以同時達成。不過，為了達成這兩項需求，相對應的行動是產生對立的「不變」與「改變」。基於這樣的理解，為了消除對立，妥協是必須跨出的第一步。原因在於，彼此一定擁有共同的目標，既然如此，只要妥協之後想出滿足雙方要求的方法，就行了。

圖 10 並立與對立衝突的結構

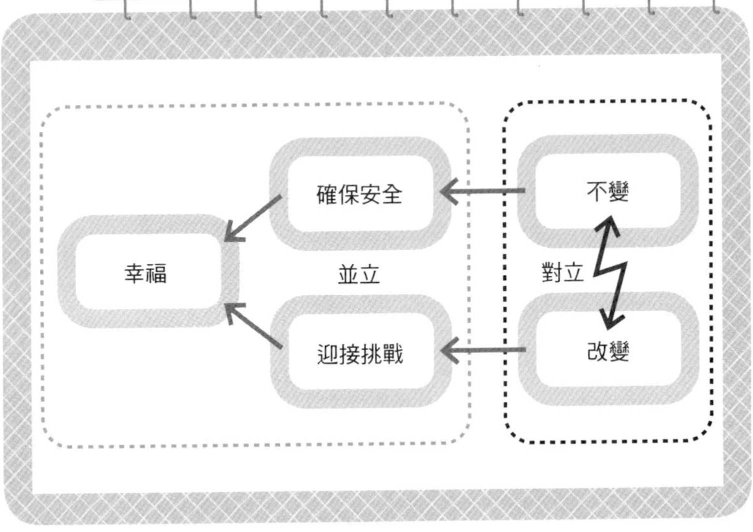

突破的關鍵在「錯誤假設」

不論你喜不喜歡圖11灰邊方框裡五個項目，都必須體認到這些是我們周遭的現實狀況。不過，注意位於箭號上下的對話框部分，那些都是我們所認知的假設[6]，它們未必會成為事實。為了確保安全，認為必須「不變」，是因為「從以前到現在都這麼走過來了」的假設。換言之，

圖 11　突破對立僵局的關鍵在於「錯誤假設」

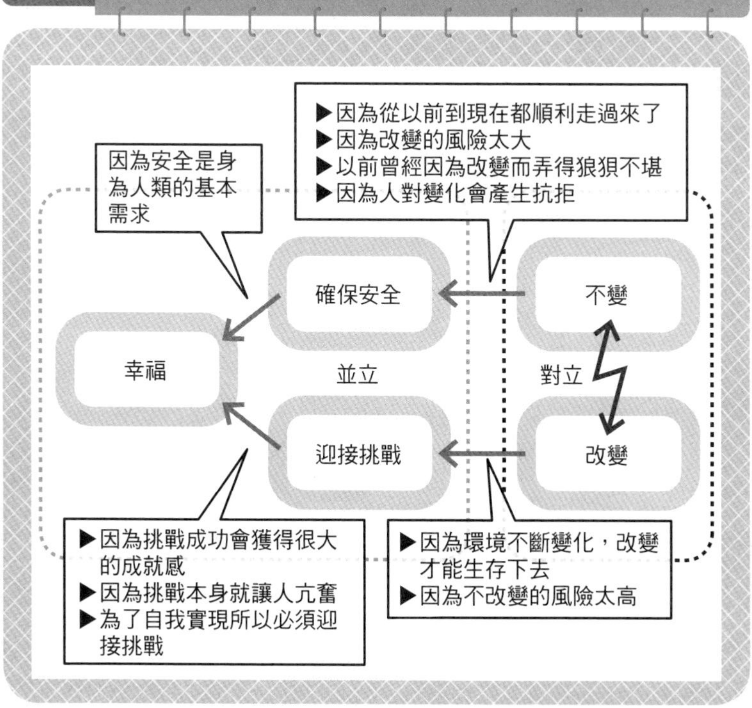
▶因為從以前到現在都順利走過來了
▶因為改變的風險太大
▶以前曾經因為改變而弄得狼狽不堪
▶因為人對變化會產生抗拒
因為安全是身為人類的基本需求
確保安全
不變
幸福
並立
對立
迎接挑戰
改變
▶因為挑戰成功會獲得很大的成就感
▶因為挑戰本身就讓人亢奮
▶為了自我實現所以必須迎接挑戰
▶因為環境不斷變化，改變才能生存下去
▶因為不改變的風險太高

對話方框裡的每個項目都是假設。它們或許是事實，也或許只不過是錯誤假設。

仔細思索每一個錯誤假設，或許就可以想出滿足雙方需求的解決對策，這是個極具效果的簡單方法。

讓我們再次檢視對立的結構。然後就可以發現對立的情況，其實可以畫成圖12的三個雙箭頭符號。就是這三個雙箭頭符號組成了對立的結構。在這三個雙箭頭符號中，應該有造成對立的假設。而在造成對立的假設中，是否有某些是錯誤的呢？

然後，為了消除錯誤假設，

圖 12 產生對立的三個雙箭頭

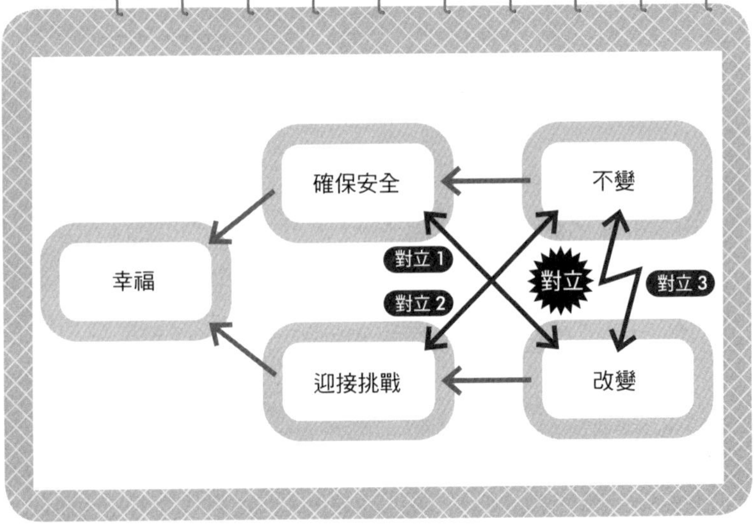

突破對立僵局，必須檢討出雙方都能妥協的解決對策。因此，必須針對每個箭頭符號，考量每一個假設，並且逐一檢驗，找出錯誤的假設，這是個非常耗費心思的作業。

尊他、重己、時宜、妙策

為了能輕易地消除對立，在這裡想向讀者介紹最簡單、柔和、具可行性的方式。只要從四個不同的方向著手，就可以消除對立的方法[7]——「尊他、重己、時宜、妙策」。

圖 13　尊重對方需求法

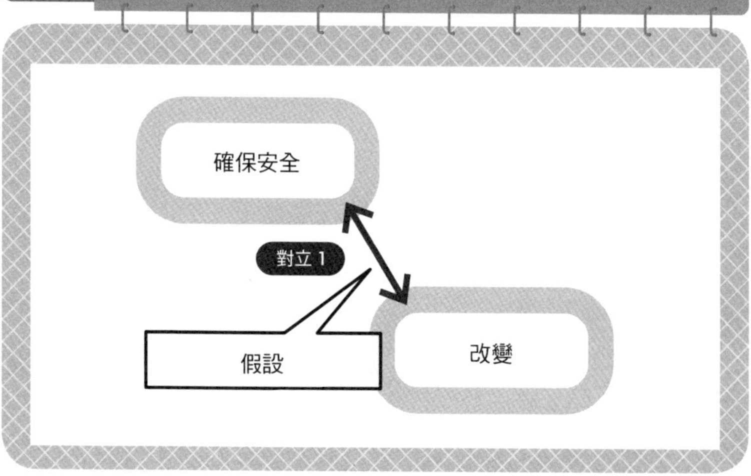

(1)尊重對方需求法

第一個方法是，自己設法滿足對方的要求。舉例來說，試著只看「對立1」。因為「改變」這個原因，結果對方或許會認為「無法確保安全」。可以試著質疑對方為何會那麼想。

對方為何認為只要「改變」就無法「確保安全」？
↓這是為了找出錯誤假設提出質問
難道沒有縱使「改變」也可以「確保安全」的方法嗎？
↓這是為了找出解決對策提出質問

試著提出上述質疑後，應該會大感詫異。原因在於，「改變」未必會讓處境變得危險，換句話說，未必不能「確保安全」。如果仔細思考，因為改變所產生的預期結果，並不如想像中那樣無法確保安全。乍見之下，彼此對立的兩個項目，其實只是基於錯誤假設[8]而產生的對立情況。

若是如此，只須消除錯誤假設就可以了。針對「只要一改變就不可能確保安全」的錯誤假設，可以提出「即使改變，也能確保比以前更加安全」作為解決對策[9]。對方真正在意的是「確保安全」，對此，我們可將對方的真正想法，透過自身的行動付諸實現。

這個方法是自己設法滿足對方的需求；換句話說，在了解對方真正想法是「確保安全」的前提下，設法滿足對方。所謂對方的需求，就是他心裡的「真正想法」。重視對方的心情，衷心地站在對方的立場，察覺對方真正需要什麼，這是以「體諒」作為基礎的方法。

所謂以「體諒」為基礎的對立消除法，就是從對方的行動中，察覺他內心的真正需求，並予以尊重，然後提出解決對策。

(2) 尊重自己需求法

第二個方法，檢視自己的需求是否符合對方的行動。與第一個方法相同，試著提出類似的質疑。

為何認為只要「不變」就無法「迎接挑戰」？

→這是為了找出錯誤假設提出質問

難道沒有縱使「不變」也可以「迎接挑戰」的方法嗎？

↓這是為了找出解決對策提出質問

這個方法是指，在對方主張採取的行動上，能夠在不至於吃虧的情況下，滿足自己的需求。仔細思考看看，難道沒有即使不改變也能迎接挑戰的方法嗎？

如果重新檢討「不變就無法迎接挑戰」的想法，或許會發現，必須「改變」才能因應「挑戰」是錯誤假設。這麼一來，或許解決對策就是，想出即使不變也能應戰的方法。從以前到現在，即使不做任何改變，似乎也能勉強順利

圖 14　尊重自己需求法

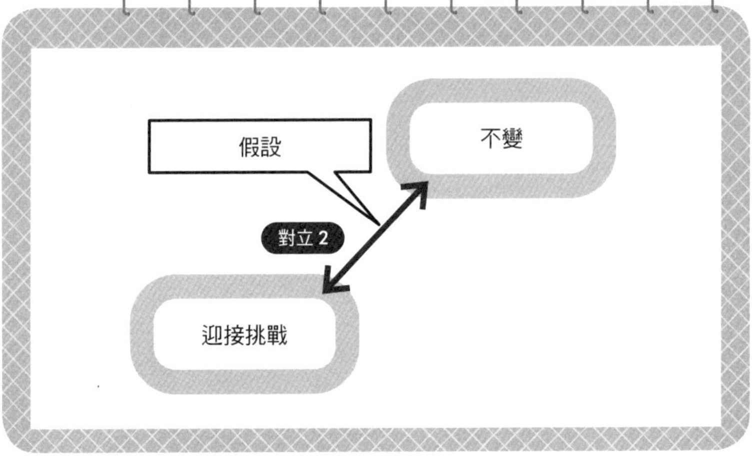

度過，應該有什麼理由存在才對。分析得以順利度過的理由，大家試著一起檢討看看，或許就能找出「即使打算迎接挑戰，也絕對不能改變」的項目。換句話說，找出那些絕對不能改變的項目，或許就能找到為了大幅躍進而應戰的方法。

這個方法是希望自己的需求，能符合對方行動的作法。換句話說，對方不必改變自身的行動，因此是可以運作得非常順利的方法。相對於(1)的方法是尊重對方內心的真正想法，這個方法則是尊重對方的行動。所謂的「給對方面子」[10]，這種思考模式也是日本傳統美德。

(3) 時地制宜法

這個方法按時間與場合，分別採用雙方作法。請見圖15的「對立3」，為何彼此的行動會產生對立呢？這是一個檢討彼此行動，是否能依時間與場合分別採用的方法。

採取這種方法時，以下的質疑是解除對立的突破性關鍵。

在什麼情況下「不變」與「改變」會產生對立？

↓這是為了找出錯誤假設提出質問

難道不能找出在某種條件「不變」、在某種條件下「改變」的規則，讓兩者可以同時並存嗎？

→這是為了找出解決對策提出質問

重新提出上述質疑後，就不再是「改變」或「不變」的單純對立，就有可能依場合與條件，尋找出何時「改變」、何時「不變」的規則，或許就可以讓原本是「不能改變」的項目，但在某種場合或情況下「可以改變」[11]。我們平時嘴巴上總是掛著「不一定，得看時間地點」；然而，「時間與場合」究竟如何，不是嘴上說說而已，透過確立時間與場合，或許就是發現對立其實不存在的契機。

圖 15 時地制宜法

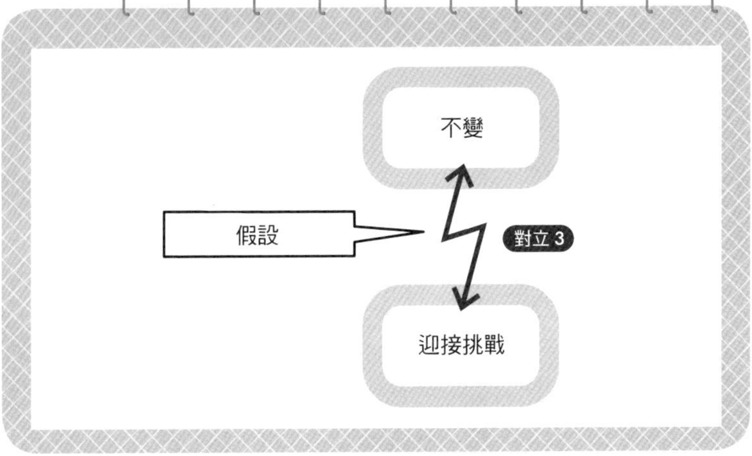

(4) 第三妙策法

光是討論「不變」與「改變」，討論範圍未免太過局限，也有可能是彼此的眼光都太過狹隘、短淺。如果彼此都承認「確保安全」與「迎接挑戰」都是人為了得到「幸福」的重要需求，那麼為了獲致「幸福」，或許就能以更寬廣的視野，去尋求「改變」與「不變」之外的第三妙策。為了想出第三妙策，提出下列質疑非常有效。

為何覺得「確保安全」與「迎接挑戰」無法同時成立？

→這是為了找出錯誤假設提

圖 16　第三妙策法

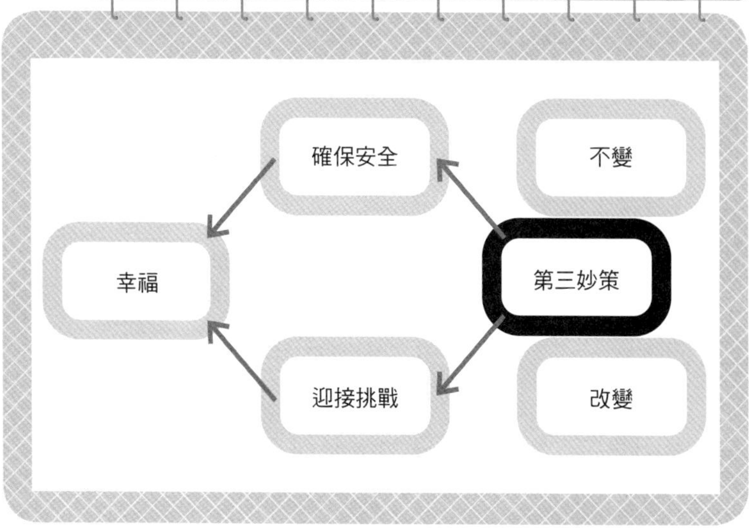

出質問

難道不能找出「確保安全」與「迎接挑戰」同時成立的方法嗎？

→這是為了找出解決對策提出質問

如此重新思考，與其在「改變」與「不變」上彼此對立，不斷進行無益的爭論，倒不如雙方一起進行能達成共同目標的建設性討論，藉由上述質疑，激盪出「就是這個了！」的妙策。

因此，消除對立的方法，共有「尊重對方需求法」、「尊重自己需求法」、「時地制宜法」，以及「第三妙策法」四種。所有方法都是找出隱藏在彼此行動裡的「需求」，並且予以尊重，這同時也和彼此體諒的人性修養有關。

以幸福為共同目標

透過消除對立的四個方法的質疑之後，在無須妥協的情況下，消除對立的狀態，進而找出WIN-WIN的雙贏策略。由於日語的傳統語彙找不到與WIN-WIN相對應的字眼（中文譯為「雙贏」），因此通常直接援用外來語，但我總覺得這種措辭不太自然，感覺好像「只要結果對你與我好就可以了」，似乎忘記了某種非常重要的概念。

為何可以無須任何妥協，便消除彼此的對立與衝突？那是因為彼此都以「幸福」為共同目標。換句話說，與其著眼於「改變」與「不變」的對立，倒不如找出彼此的共同目標，才是最出色的解決對策。在日本商界，這早已不是什麼嶄新的想法了。近江商人[12]最有名的家訓就是，「對客戶好、對自己好、對社會好」。有社會才有買賣存在。在社會上做買賣，不能違逆天道。以這樣的道德良心為基礎，事業才能持續興盛到未來。無須妥協的解決對策最需要的就是，揭櫫所有人都會贊同的理念。在這裡討論的共同目標[13]是「幸福」。對人們來說，這大概是最普遍的需求吧。即使「改變」與「不變」相互對立，但是只要加入「幸福」這個共同目標要素，就可以不用妥協而解決問題。這正是「共創三贏」的解決對策。

養成彈性思考的習慣

經過這麼一番思考後，就可以了解，消除對立的突破關鍵，不在於對方採取自己所不樂見的行動，而是在彼此的「錯誤假設」。乍見之下，呈現對立狀態的問題，經由討論之後，共同目標就會出現；試著思考便可發現，原本認為非怎麼做不可的雙方，也並非完全不能理解對方的需求。雙方的不同之處，只在於為了達成目標而採取不同的行動。雖然對方的行動不如自己的意，但在理解對方的需求，思考為何對方會採取那種行動之後，便可發現對方與自己內心在乎的其實沒有不同。

在上述的討論之後，應該下定決心處理的只有「錯誤假設」[14]，如果有決心處理它，就可以想出有效的方法，在無須妥協的情況下，直接消除對立。結果，或許會認為是對方不對，但也有可能是因為自己的錯誤假設所引起，那就變成是妨礙自己去解決問題的限制因素。對此深刻反省，從對方的立場著想，自然而然地採取諒解的態度，也會是一個自我成長的機會。

「尊他、重己、時宜、妙策」的對立消除法，一個人也可以使用，在每天都得面對的日常生活問題上，同樣能派上用場。我的建議是大家一起使用「尊他、重己、時宜、妙策」這個對立消除法。俗話說：「三個臭皮匠勝過一個諸葛亮。」藉由眾人的集思廣益自然就能想出好對策。若議題極具客觀性，目的又相同且明確，討論起來就會非常容易。倘若我們能夠以和為貴，一定能實際感受這方法的好用之處。我們經常可以聽到「以自由聯想的方式思考」、「思考要柔軟富有彈性」這些話，許多實際體驗過對立消除法的人，大多感嘆「為什麼以前會受到錯誤假設的束縛」，而他們在習慣這種方法後，對自己不知不覺中養成了自由聯想、彈性思考的習慣，也一定都感到非常詫異吧。

撥雲見日圖

本章使用的圖稱為「撥雲見日圖」[15]（Clouds）。撥雲見日圖的原文是「Evaporating Clouds」，關於它的名稱由來，背後有個很棒的逸聞故事。

開發出消除對立與衝突方法的高德拉特博士，是知名作家李查．巴哈（Richard Bach）的大書迷。李查．巴哈以文學作品《天地一沙鷗》[16]聞名於世。他在寫出名著《天地一沙鷗》的數年之後，又不可思議地寫出另一本充滿魅力的小說《夢幻飛行[17]》（*Illusion*）。在這本小說裡，有一個主角讓天上雲朵消散的場景。高德拉特博士為了對寫出故事的作家李查．巴哈表示敬意，於是將他的對立消除法，取名為撥雲見日圖。雖然日文經常翻譯成「消除衝突圖」，但是我盡可能想充分顯現出這個方法的功能，希望大家也能讓衝突的烏雲消散，因此還是決定用「撥雲見日圖」這個詞彙。

讓衝突的烏雲消散

請注意看圖17的結構，B與C是為了達成A的必要條件，然後D與D'，則各是達成B與C的前提條件行動；換句話說，在B與C必要條件的時點上，兩者並未對立，而且對A而言都是必要的，D與D'則是具體行動該做些什麼，在行動階段則呈現完全對立的狀態。

因為「必要條件」與「前提條件」兩個專有名詞不易理解，因此我在B與C的部分標示「非○○○○不可」，D與D'則標示「以○○○○為前提」，無論是必要條件，或是前提條件，這類艱澀用語雖然讓人頭痛，不過還是能以自然而貼切的方式去思考，請讀者務必嘗試理解下述的撥雲見日圖，它容易理解而且非常好用。

撥雲見日圖共有五個項目[18]。畫圖的方式如後所述。

（D與D'：對立的行動）

項目D與項目D'[19]是相互對立的行動。為了表示尊敬對方，我將對方的行動寫在位於上方的項目D。若是對方也能一起討論那麼將會更具效果。

（A：共同目標）

共同目標部分，則是寫上對方與自己都認為能滿足自身需求的目標。然而，究竟是當作現在的目標，或者當作未來的目標，經常會產生對立，因此我在圖17的框裡，寫上了「從現在到將來，持續○○○○○」，希望是每個人都能同意的共同目標[20]。如果是在相同的組織裡，當然就能以某個共同的目標，即使乍見之下，呈現對立的組織同伴，只要仔細思考之後，應該就會出現共同目標，然後再將它填進項目A裡。

圖17　撥雲見日圖的結構

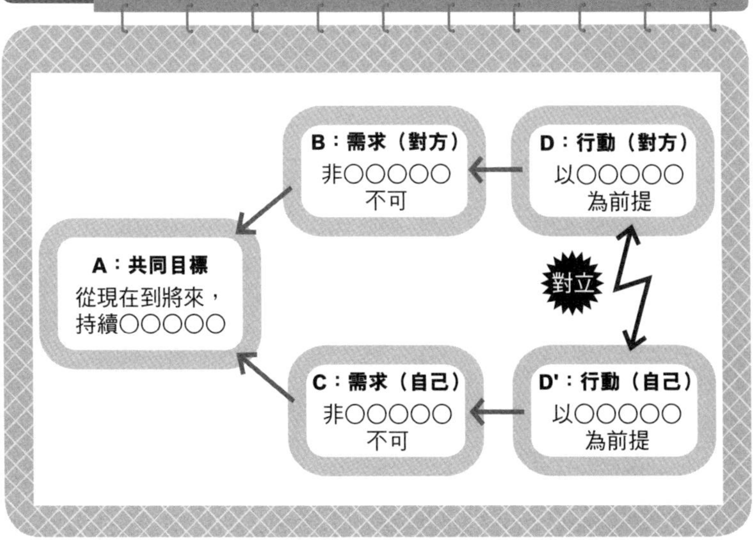

（B：對方的需求）

仔細思考看看，為何對方非得採取項目D的行動不可呢？可以理解的是，與其主張D項目非做不可的舉動是毫無意義的，倒不如去了解B項目的需求，才是對方認為D項目非做不可的前提。在了解對方認為項目D非做不可，並非是毫無理由的行動後，便有了「站在對方立場思考」的機會[21]。然後自己也可以進行確認為了達成共同目標項目A，對方項目B的需求確實有其必要，這同時是個體諒、寬容對方的機會。

（C：自己的需求）

仔細思考看看，為什麼自己非得採取項目D'[22]的行動不可呢？與B相同，可以再次確認，自己在怎樣的需求與背景之下，非得採取項目D'的行動，也試圖讓對方可以理解。因此要對方了解的是，項目C的需求對共同目標的達成有其必要。

針對項目B與項目C思考，對頭腦訓練非常好。項目D與項目D'[23]雖然完全對立，但考量到共同目標項目A，從對方和自己的兩種不同角度觀察，便可了解，因為項目B和項目C所引起的行動確實有必要。而且，仔細思考，若從共同目標來看，或許項目B與項目C對雙方都很重要，可以察覺彼此都沒能注意到的觀察角度。其實，B與C互為彼此的真正想法。彼此傾聽對方的心聲，重視對方真正的想法，才是一種用心的思考方式。

大聲朗讀出來

在我們的周遭環境，雖然經常出現「改變」、「不變」這種立場明顯不同的情況；另一方面，或許也會出現對立結構未必明顯的情況。不喜歡興風作浪，甚至刻意避開對立，是日本文化的傳統美德。在現實中，即使真的產生對立，從表面上也未必看得出來。可是，心裡應該經常會想：「明明這麼做比較好……」吧？或者，心裡明明想那麼做，卻又因為種種因素，不能真的去做，當發生這種情況的時候，必定是有某種對立狀態產生。前言曾經提到，「彼此無法互助合作」的「章魚罐場合」現象，根本原因在於「在目標管理制度下，針對個人採取個別評價」，以及「針對各個專案的個別損益狀況進行評量」兩種現象，這是因為「以局部最適的角度進行評量」所引起的。相對於此，如果希望可以「彼此互相協助」，你應該希望能「以整體最適的角度進行評量」。這些狀況也是「以局部最適的角度進行評量」與「以整體最適的角度進行評量」的對立。以上其實就是一種隱藏在背後的對立[24]。

在「負面效應」的背後，必定也會有「明明如果是這樣就好了」的「有利效應」。

這也是一種對立的情況。這種對立狀態是可以消除的。但那並非是要你，將如惡作劇般隱藏在背後的對立，逐一揪出來；而是彼此基於體諒的心態，消除對立與衝突。

將記述各個項目的文章，寫得簡短明瞭也很重要。在非得寫成長篇大論的情形下，總會感覺如墜入五里霧中，思緒恐怕也無法整理清楚。因此要記住，盡可能以簡短、明瞭的方式表達，這與能否將思緒整理清楚有密切關聯。

撥雲見日圖的五個項目，透過「必要條件」相互連結。先開始從位於撥雲見日圖上方的「對方」部分朗誦出來。為了達成項目A，項目B是必要的；為了滿足項目B，進行項目D是必要的。然後，再由位於撥雲見日圖下方的「自己」部分朗誦出來，為了達成項目A，滿足項目C是必要的；為了滿足項目C，進行項目D'是必要的。撥雲見日圖上面和下面的部分，都可以大聲地念出聲音來。

大聲朗誦比想像中來得重要。開始朗誦以後，自己經常會發現：「咦？有點怪喔！」我建議，如果可以，盡量在別人前面朗誦出聲，然後一起進行確認。為了讓別人可以一聽就懂，希望說明的時候讓烏雲消散，在必要時刻，也可以修正各個項目的敘述。一開始可能會非常耗時，不過，畫撥雲見日圖的過程是非常有趣的。我和朋友在咖啡廳閒聊的時候，有時甚至也會在餐巾紙上，畫起撥雲見日圖，然後沉溺在其中。透過這樣的作業，就可以看清問題結構，如果不斷持續地練習，也能在不知不覺中增進思考能力。漸漸地，只要花上幾分鐘就能把圖畫完，變成是一件稀鬆平常的事[25]。

撥雲見日的解題祕訣

如果說明到這裡都能理解無礙，接下來就簡單多了。活用圖18的「尊他、重己、時宜、妙策」模式，直接提出質疑即可。這個時候，有其他人加入分析，會比一個人自己畫要來得好。如果只有一個人畫，我建議在畫完之後，盡量請別人也替你看看。

俗話說得好：「三個臭皮匠勝過一個諸葛亮」。我建議大家共同進行討論。屆時將會察覺，在那種情況下，原本呈現對立結構的氛圍，會轉變成由整個團隊來解決問題的氣氛。在團隊合作的情況下，各式各樣的解決方案，將不斷出現，找到先前沒察覺的「錯誤假設」，發現突破問題的關鍵，然後找出解決對策。

圖 18　「尊他、重己、時宜、妙策」對立消除法模式

①尊重對方需求法

- ▶ 為什麼認為進行項目 D'，就不能滿足項目 B？

→這是為了找出錯誤假設提出質問

- ▶ 難道真的找不出進行項目 D'，也可以滿足項目 B 的方法嗎？

→這是為了找出解決對策提出質問

③時地制宜法

- ▶ 項目 D 和項目 D' 在什麼情況下會產生對立？

→這是為了找出錯誤假設提出質問

- ▶ 難道找不出項目 D 和項目 D' 可以一起進行的條件嗎？

→這是為了找出解決對策提出質問

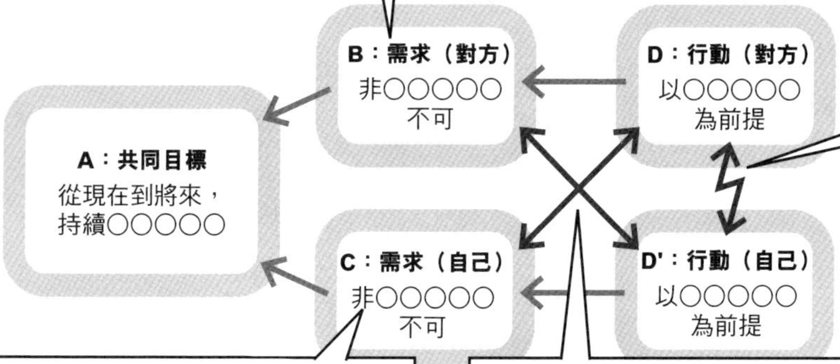

②尊重自己需求法

- ▶ 為什麼認為進行項目 D，就不能滿足項目 C？

→這是為了找出錯誤假設提出質問

- ▶ 難道真的找不出進行項目 D，同時也滿足項目 C 的方法嗎？

→這是為了找出解決對策提出質問

④第三妙策法

- ▶ 為何認為項目 B 與項目 C 不能同時滿足？

→這是為了找出錯誤假設提出質問

- ▶ 難道真的找不出同時滿足項目 B 與項目 C 的方法嗎？

→這是為了找出解決對策提出質問

箭號	假設	解決對策	如何執行	好處
尊重對方需求法 D'-B				
尊重自己需求法 D-C				
時地制宜法 D-D'				
第三妙策法 E				

找出各種「假設」與「對策」以後，先在表格裡頭填上「如何執行」，以及會帶來的「好處」，這樣執行起來會非常方便。

自然而然鍛鍊思考能力

「改變」、「不變」的對立，一直是個歷久彌新的問題。讓我們試著以「尊他、重己、時宜、妙策」的質疑方式檢討看看。「過幸福的生活」是一個小小的願望，不過衍生出來的對立狀況卻很嚴重。然而，這或許只是幾個「錯誤假設」所引起的情況而已。如果試著整理「改變」與「不變」的對立情形如同以下描述的一般，對「錯誤假設」進行調整便能找到圖19羅列的解決對策。

- 改變未必伴隨著風險，而且結果也可能比以前更好。
- 以前順利，未必代表以後也會順利。
- 雖然說要「改變」或「不變」；但不是全部改變，也不是全部不變。
- 如果不可能有同時確保安全又迎接挑戰的方法，只會妨礙妙策在腦海裡浮現。

整理出讓任何經驗豐富的人，都會認為「理所當然」的作法。優秀的人腦海裡自

圖 19　消除「改變」與「不變」對立的例子

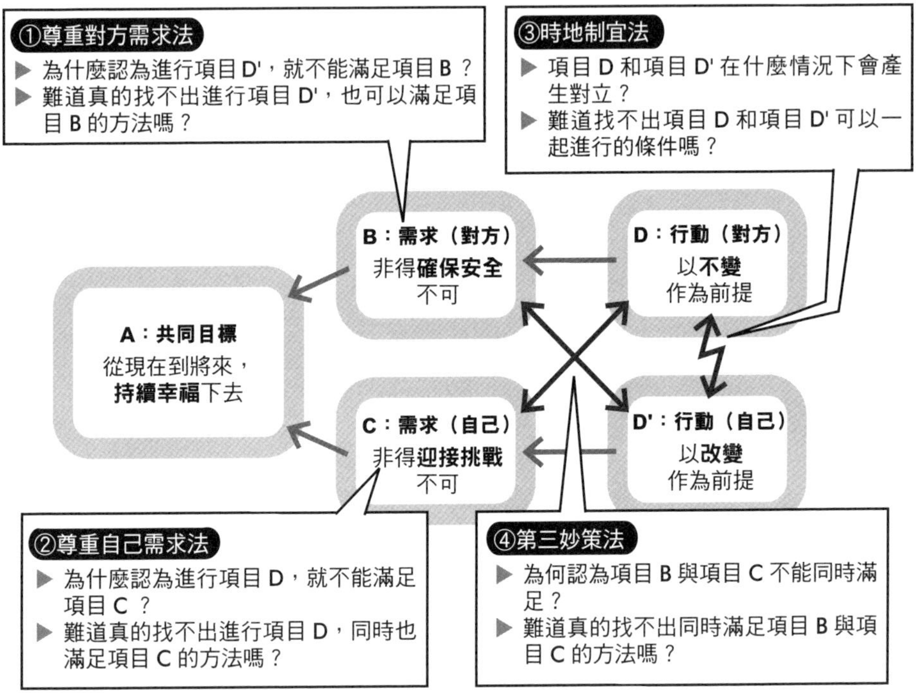
①尊重對方需求法
▶ 為什麼認為進行項目 D'，就不能滿足項目 B？
▶ 難道真的找不出進行項目 D'，也可以滿足項目 B 的方法嗎？
③時地制宜法
▶ 項目 D 和項目 D' 在什麼情況下會產生對立？
▶ 難道找不出項目 D 和項目 D' 可以一起進行的條件嗎？
B：需求（對方）
非得確保安全不可
D：行動（對方）
以不變作為前提
A：共同目標
從現在到將來，持續幸福下去
C：需求（自己）
非得迎接挑戰不可
D'：行動（自己）
以改變作為前提
②尊重自己需求法
▶ 為什麼認為進行項目 D，就不能滿足項目 C？
▶ 難道真的找不出進行項目 D，同時也滿足項目 C 的方法嗎？
④第三妙策法
▶ 為何認為項目 B 與項目 C 不能同時滿足？
▶ 難道真的找不出同時滿足項目 B 與項目 C 的方法嗎？

箭號	假設	解決對策	如何執行	好處
尊重對方需求法 D'-B	因為改變會伴隨風險。因為改變依定會往壞的結果發展。因為人會抗拒改變。	說明不便反而無法確保安全。說明改變不會伴隨風險，反而會往好的方向發展，就不會有人抗拒。	說明不變反而會產生更大的風險。說明改變反而可以獲得長期的安定。	◎使大家理解問題結構。抗拒變化的一方，也能安心下來，進行不要的支援。
尊重自己需求法 D-C	因為一定要改變才能迎接挑戰。	思考即使不變也可以迎接挑戰的方法。	找出至今依然能順利走來的原因，從那些作法裡頭（體驗過去的挑戰）學習。	◎繼續保留得以順利走來的作法，可讓抗拒盡快變少。
時地制宜法 D-D'	不會改變全部。	明確界定改變與不變的部分。	列舉出應該改變的部分，以及不應該改變的部分。明確界定何時應該改變，何時不應該改變。	◎了解不變部分的同時，為了從現在到將來都能幸福，明確界定應該改變的部分。
第三妙策法 E	認定不會有同時確保安全又迎接挑戰的方法。	思考在確保安全的情況下，有可以因應巨大挑戰的方法。	檢討負面分歧。列舉出為了確保安全不可欠缺的部分，然後討論在滿足確保安全需求的情況下，因應巨大挑戰的方式。	◎人安定了以後，才可以進行比預期更巨大的挑戰。

然而然地會思考這些，然後透過直覺找出解決對策，讓周圍的人感到詫異。這種在優秀的人腦裡思考的方法，其實每個人都可以輕易地進行有邏輯的思考，然後集合眾人的力量辦到[26]。最後，在反覆練習之後，無形中鍛鍊出自己的思考能力，具備了問題「解決力」。

Column

唯有提出正確的質問，才能導出正確的解決對策

我想只要試過就能了解，上述提出各種質問的方式，非常具有效果。TOC理論很注重蘇格拉底式的辯證法[27]。所以提出質問是非常重要的流程。

比起答案，我們反而要更重視質問的過程，這似乎令人感到不可思議。相較於其他解決問題方法——直接提出解決對策[28]，重視提出正確質問的方法，似乎讓人感到有所不足。不過，遠比直接提供解答更具效果，而且有非常堅實的理由。

所謂的解答，是依據特定案例或條件擬訂[29]出來的，不論解答本身有多好，但是未必適合套用在你的案例上。

另一方面，所謂的質問，非常普遍而實用。在很多場合，現場的人對於特定案例都擁有相關知識。只要對此提出適當的質問，通常就能有邏輯地想出解決問題的關鍵。

只提出解答未必是正確的作法。而且，即使是正確的答案，如果硬要他人接受，也可能會招致周圍其他人的反感。提出質疑本身，甚至遠比尋找特定問題的正確解答之意義，還要更加重大。而且，透過不斷仔細推敲去質疑，也是想出更具效果的強力解決對

策的方式。如果在日常生活中勤加練習，將會提高自己解決問題的能力。在關鍵時刻足以依靠，並且具有解決問題能力的人，不正是這種可以提出正確質問，並且導出正確解答的人嗎？「尊他、重己、時宜、妙策」的四個方法，各自都能：

- 找出錯誤假設；
- 進而由此導出解決對策。

不斷提出仔細推敲過的質問，不但極具效果，而且簡單易懂，不論是誰都可以辦得到。所謂的解答，應該只有了解詳細狀況的人擬得出來；不過，如果是質問的話，每一個人都有能力提出。而且，從直接面對問題的當事人那裡，也可以激發他們的智慧，進而引導出解決對策。正如「沒有任何學習可以勝過經驗」這句話，愈是不斷實踐，就愈能體會提出質問[30]的驚人效果。

1 老實說，在我年輕的時候，如果上司對我說：「要進行改變！」我也曾經暗自嘀咕：「你才應該改變吧！」不過，現在卻換成自己對別人說：「要進行改變！」此時此刻，我似乎也開始察覺周圍的人，好像在對自己說：「你才應該改變吧！」

2 TOC理論稱之為產生抗拒的六個層次（拒絕改變的六個層次）。

3 TOC理論將這些項目稱之為「Entity」（個別實體，意指「客觀實體的存在」）。高德拉特博士是名物理學者，因此他認為，如果認定某種現象存在，在證明其存在之前，都只不過是某種假說而已。原因在於，即使是見到同一種東西的人，也會因為立場不同，看法或理解也因而不同，所以採取「眼見不一定為真」的立場。翻閱《廣辭苑》，所謂的「假說」，是指「【哲學】在自然科學或其他領域，欲就特定現象進行統一解釋的假設。從邏輯上導出的結果，必須透過觀察、計算、實驗等加以驗證，脫離假說領域之後，在一定的範圍內，便成為適切的真理」。就是在這種嚴密邏輯的支持之下，在本書介紹的邏輯才會成立。詳細的論述，請參閱高德拉特博士的著作：《絕不是靠運氣》。

4 馬斯洛（Maslow）需求層次理論的五類需求裡，對安全的需求，僅次於人類最基本的需求——生理需求。如果無視這種近乎人類最基本的需求，只顧著大喊「改變吧！」那麼人們一定會群起抗拒改變。

5 如果身在高達數十公尺的地方，而且腳踩的地方也非常危險，人是不是能篤定地一躍而下呢？但是，如果是在立足點穩固的地方，而且四周圍有防止意外的防護措施，萬一摔下去也有安全橡膠墊保護，那麼或許就不會有人勇於挑戰了？對於為了取得飛躍性的成長來說，安全與心安的感覺是不可欠缺的。

6 假設的英文是「Assumption」，這是TOC理論裡一個重要的關鍵字。查閱字典可以得到下列定義：「假定、〔設想〕；認定為理所當然〔事實、真實〕。」（Leaders英日辭典研究社）。這個詞彙分別具有正面與負面兩種意義，如果注重負面的意義，可以直接譯為錯誤假設。找出「錯誤假設」是解決問題的關鍵。

7 關於消除對立的四個方法，我從TOC國際認證機構（TOC-ICO）會長阿蘭巴納德受教許多。他對事情的看法，每每讓人有被點醒的感覺。他在一年一度的TOC-ICO國際大會上發表的演講，總是令人感到新鮮與驚奇。在撰寫此書的時候，我曾經使用SKYPE，以線上會議的方式，與在南非的他交換各種意見，對於他驚人的洞察力感到敬佩。非常感謝他的珍貴建議。

8 在TOC理論裡，「錯誤假設」的原文是「Wrong Assumption」，由於它是解決問題的突破關鍵，因此非常受重視。換句話說，為了消除對立，需要改變的是「錯誤假設」。一般來說，只要改變錯誤假設，大多數的改革成果都會很快展現出來。

9 在TOC理論裡，「解決對策」的原文是「Injection」。「Injection」是從醫療用語而來，代表注射藥物的意思。醫生歸納病人的外顯症狀，做出綜合的判斷與診斷，然後決定處方箋的內容。注射這種治療方式，只要使用極少量的藥液，就能在人體全身發揮藥效，這正是使用「Injection」所要表達的意象。

10 這應該是十幾年前的事了吧？當時公司送我出國留學的時候，我曾經參加過辯論比賽。比賽刻意區分正方反方，讓雙方針對各種論點進行辯論，哪方勝出則由旁人來判斷。辯論過程非常激烈，但總讓我感覺不舒服，怎樣也提不起勁來。雖然我試圖說服自己那是歐美文化，但無論辯論結果是輸是贏，事後的感覺都不怎麼好。我發現寧願自己吃虧一點，給對方面子，把勝利讓給對方。因為我是個徹頭徹尾的日本人，即使結果是輸給對方的，也認為自己定然有值得誇耀之處。

11 我愈來愈能深刻體會，俳句詩人松尾芭蕉所說的「不易流行」的意義。對芭蕉來說，「不變」與「改變」並不是完全對立的，也能了解，為何經營者在許多場合時常引用這句話。「不易流行」主要是強調「不易」（指傳統與藝術的精神）與「流行」（與時俱進，求新求變）兩者的重要與關係，在「不易」當中必有當代的流行面貌，而「流行」雖然遲早都會褪色、消失，卻必然有其回歸的處所（不易）。換句話說，「新」最後成為「傳統」的養分，是餵養「不易」的糧食。

12 近江商人，主要活動於鎌倉時代、江戶時代、明治時代、大正時代至二次大戰前為止，出身自近江國滋賀縣的商人。其與大阪商人、伊勢商人並稱為日本三大商人。

13 當對立逐漸嚴重時，誰都不要開口抱怨，盡可能地尋找更好、更崇高的共同目標。這就是消除對立的突破關鍵。這也已經不是什麼新奇的概念了。會說「辦得到」的商業人士，如果是可以「凝聚信賴感」的人，就會很自然地這麼做。只需要用簡單易懂的話，具有邏輯地向對方說明就可以了。

14 在自然科學（Hard Science）領域，所謂的假設（Assumption），是為了說明某種現象所做的大致推定。進行各式各樣的實驗，以檢證假設正確與否，是一個當然且必要的程序。同樣地，找出錯誤假設也是非常重要的發現。偉大先人常常告誡我們，從失敗中學習的重要性。我們應該重新了解先人話裡的深刻寓意。順道一提，高德拉特博士曾經說過，TOC理論只是將自然科學活用至管理上而已。

15 也譯作「衝突圖」或「疑雲圖」。本書翻譯時，譯者按照作者注重的原意，譯為撥雲見日圖。

16 我自己也是李查·巴哈的大書迷。在國中的時候，曾經在深夜收聽黑柳徹子小姐朗讀的《天地一沙鷗》廣播劇，聽得著迷不已，甚至感動到起雞皮疙瘩，感覺這個故事對我人生行為的影響，遠比想像中來得大。

17 《夢幻飛行》原文書的第六十四頁，寫著「A little theory and a lots of practice」（小小理論也需要很多的練習），讓我感到心有戚戚焉。思考流程的相關理論確實為數不少，而且大家或許也感覺到了。所以，至少試著去了解這些理論，然後不斷練習，一定可以成功！我自己是這麼理解的。這本書的主角，擁有一本「救世主手冊」，裡頭記載遭遇各種狀況時的解決提示。如果現實生活裡有這種魔法書，那該有多好。不過，取而代之的是，我想提供「尊他、重己、時宜、妙策」的問題解決提示給大家。

18 這裡所謂的「項目」，是簡單的說法，在TOC理論的原文是「Entity」（個別實體），由於高德拉特博士是物理學家，所以在用語上比較嚴謹，但是因為這是哲學上的用語，讓人感覺有些艱澀，而本書寫作以簡單易懂為優先，因此使用「項目」這個詞彙。

19 為何會分別以D與D'作為代稱呢？那是因為D'是與D相反的行動。A、B、C是完全不同的項目，只有D與D'是正好相反的項目。為了易於理解，所以分別以D與D'作為代稱。D'一般讀成「D prime」。

20 在尋求共同目標的場合，應該盡可能將範圍擴大，或者是考慮訂定較高的目標即可。希望沒人會有意見，因此訂定目標時，要比一般性的目標高，正因為是高遠的目標，雙方才會重新認定為共同目標。一般來說，在工作上很能幹的人，在內部出現爭執以後，會立刻訂立更高的目標以引起大家共鳴，讓整個團隊重新結合成一體。我自己也見過好幾次類似的場景，這種讓人感受深刻的行動，我至今依然印象很深。

21 站在「對方的立場思考」，正是一種體諒。在產生對立的情況下，站在對方的立場思考，不僅是解決問題的第一步，同時對人性成長來說也是必要的。

22 或許項目A可以稱為「志」；項目B與項目C可以稱為「心」；項目D與項目D'可以稱為「體」。

23 如果明確表達自己的立場，一旦引起了惡作劇似的對立，甚至還會遭到：「你能不能別那麼幼稚啊」的冷嘲熱諷。透過這種慘痛的經驗，「尊他、重己、時宜、妙策」則應運而生。

24 這似乎也可以說是一種「視而不見」的狀態。

25 我一開始憧憬著，如果可以在發生嚴重對立的場合，在眾人面前畫出撥雲見日圖，清楚勾勒出問題的結構，找出解決問題的關鍵，那該有多麼帥氣啊。可是，在我接受訓練的時候，光是畫一張撥雲見日圖，就得花上好幾個小時，過程真的非常辛苦。相較於其他畫得又好又快的夥伴，老實說，我真的不知道自己為什麼會這樣。教導我這個方法的老師，也耗費了很多心力在我身上，我總覺得他以擔心的眼神看著我。雖然對自己的狀況感到不好意思，但即使當時不能很快把圖畫完，還是希望能得到，讓周圍的人對我「哇！」的讚嘆的那天，早點到來。現在回想起來，幸好當時辛苦地下足功夫學習，從那以後，我養成碰到問題，就畫出撥雲見日圖的習慣。

26 對那些不必特別學習，就自然而然能解決問題的人來說，或許他們並不需要這種方法，但是根據我的經驗，似乎愈具備解決問題能力天分的人，就愈想學習這種方法。因為獨自一人解決問題，是一件很吃力的事，而且如果明明是眾人集思廣益，就能輕易解決的事，自己卻要獨自耗時費力解決，這樣一點也不值得高興。

27 翻閱過《目標》一書的讀者，應該能了解，書裡的鐘納（Jonah）並未向主角亞力克斯（Alex）直接提出具體的建議，而只是單純地提出質問。這種態度，跟平時的高德拉特博士完全相同。和他一起相處真是件不得了的事，他會接二連三地拋出一大堆的質疑，讓你更深入思考，所以時常感到很緊張，甚至突然大受震撼，而且是令人感到興奮的震撼。雖然感覺他有點可怕，可是也非常地有趣。

28 一般稱之為解決方案（solution）。

29 這可以稱之為「假設」。如果在假設不正確的情況下，即使有「解答」，亦即所謂的解決方案，同樣無法順利解決問題。

30 衷心期盼大家能透過提出質問，讓自己進步，甚至進步到能有效解決問題。沒有別的事比這個，能讓我更加高興了。

c h a p t e r

3 掌握問題的整體現況！

——找出問題關聯性的**現況掌握法**——

無論問題看起來多麼複雜，都存在固有的簡單本質。若能找出問題的固有本質，那就太棒了。如此一來，便能一口氣解決問題。本章介紹分析現況結構，進而了解掌握現況的方法。

如同前一章「改變」與「不變」之間的對立與衝突，所謂問題也可以當作是，尚未解決的對立和衝突。第一章羅列的各種現象，大多數也可以當作是，尚未解決的對立和衝突所引起。而且，那些現象看起來，彼此隱約都互有關聯。在那些錯綜複雜的「不良效應」中，若能找出核心問題，也就是對立與衝突的核心所在，就可以迅速解決問題了。

三個撥雲見日圖法

為了實現上述目標，我們可以考慮利用「三個撥雲見日圖法」。在現實世界中，錯綜複雜的問題引起了各種不良效應，為有效協助我們快速找出問題核心，開發了這個方法。

首先，在上述列舉的不良效應中，選取三個最重要且相異的不良效應。原本選擇三個最重要的不良效應，是理所當然的事，但如何選出三個最不相同的不良效應，卻令人煞費思量。使用這種方式，便能確保囊括幾乎大多數問題。我也建議透過眾人討論的方式，使用三個[1]撥雲見日圖法。特別是，若能聚集跨部門的人討論，就能使議題更加明確。

圖 20　選出三個最重要而且相異的不良效應

目　標

UDE16	交貨延遲
UDE15	生產成本無法降低
UDE14	研發計畫過多
UDE13	庫存過剩
UDE12	無法阻止產品價格下跌
UDE11	產品力下降
UDE10	營業力下降
UDE9	銷售量無法提高
UDE8	市占率降低
UDE7	競爭日益激烈
UDE6	工作動機低落
UDE5	顧客滿意度下降
UDE4	開會次數與報告書過多
UDE3	彼此無法互助合作
UDE2	新產品研發太慢
UDE1	利潤無法提高

問題

現　況

前文已經討論過，「利潤無法提高」確實是問題所在，如果「彼此無法互助合作」，那麼光是去上班就會感到憂鬱，工作動機自然也會下降。此外，如果「產品力下降」，營業力會跟著下降，銷售量也會跟著往下掉，因此決定選擇這三個不良效應。

三合一的歸納法

接下來，根據以上選擇，畫出撥雲見日圖。因為原本就選擇互異的現象，畫出來的圖當然完全不同。

①**「利潤無法提高」**的撥雲見日圖——可以看見為了「提升銷售量」而「因應競爭調整價格」vs為了「確保獲利率」，因此「以確保獲利率的價格販賣」，兩者之間的對立結構[2]。

②**「彼此無法互助合作」**的撥雲見日圖——可以看見為了「提高個人產能」而「針對個人產能評估績效」vs為了「眾人協力去做」而「不針對個人產能評估績效」，兩者之間的對立結構。

③**「產品力下降」**的撥雲見日圖——可以看見為了「繼續在競爭中取勝」而「以因

圖 21 ①「利潤無法提高」的撥雲見日圖

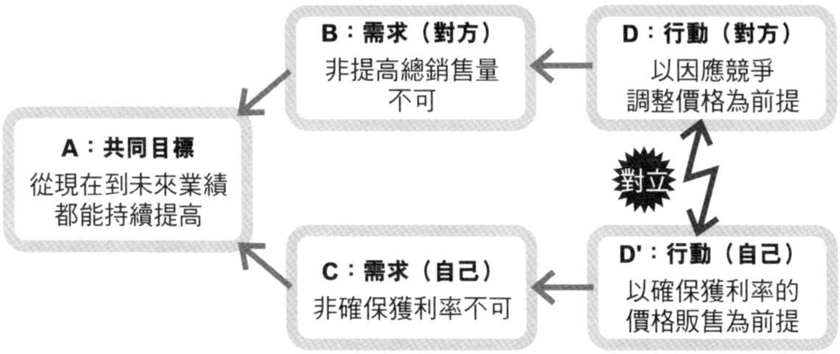

圖 22 ②「彼此無法互助合作」的撥雲見日圖

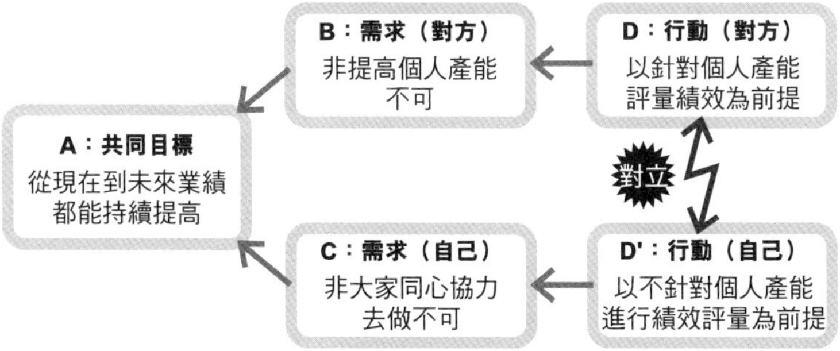

圖 23 ③「產品力下降」的撥雲見日圖

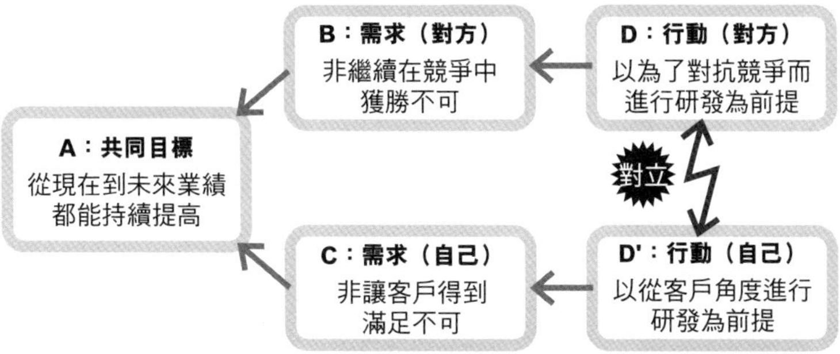

應競爭態勢進行研發」vs為了「讓客戶得到滿足」而「以客戶角度進行研發」，兩者之間的對立結構。

此處的三個撥雲見日圖，分別有不同的三個「D」項目，將它們並列在一起之後，分別是「採取殺價競爭」、「針對個人產能評量績效」，以及「以因應競爭態勢進行研發」。對於這三個項目，我們可以試著找出共同點，並盡可能將所有項目的關鍵字納入，再以簡短、明瞭的描述歸納成一個項目。在這裡，可以歸納為「以追求眼前績效數據的方式，進行局部最適的管理」。

同樣的，所有D'的共同點可以歸納為「著眼於未來，進行整體最適的管理」。

B與C也同樣可以歸納出「提升局部產能」、「需要眾人協力的策略性活動」的共同點。

B與C，D與D'，都會出現對方與自己立場相反的情形。然而，也會驚訝地發現，對方那些令人不愉快的行動，其實與自己的想法一致。

在這種情況之下，將文字代換，就可以順利彙整成一個圖。

其次，不用說，A的共同目標也可以彙整成，「從現在到未來業績繼續提高」。

圖 24 D 的共同點

D1：
因應競爭調整價格

D2：
對個人產能進行
績效評量

D3：
為了對抗競爭
而進行研發

＝

D：
以追求眼前績效
數據的方式，
進行局部最適的管理

圖 25 D' 的共同點

D'1：
以確保獲利率的
價格販售

D'2：
不針對個人產能
進行績效評量

D'3：
為了對抗競爭
而進行研發

＝

D'：
著眼未來，
進行整體最適的管理

圖 26 B 的共同點

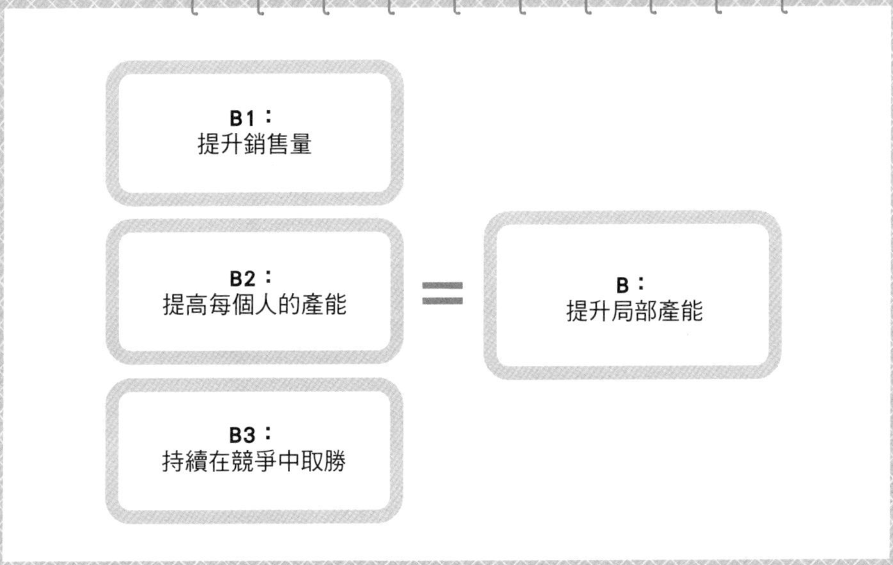

圖 27 C 的共同點

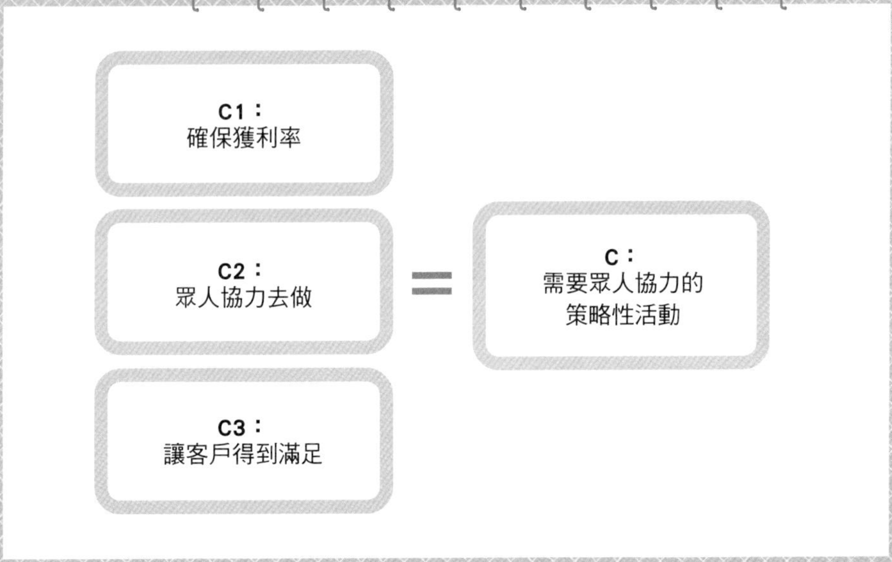

圖24至28，都是將乍見之下相異的三個項目，歸納成相同項目的過程。只要是具有關聯性的項目，無論差異性有多大，也很難認定彼此之間毫無關聯，反而因為所有問題猶如從相同的土壤孕育出來，經過以上歸納的過程，將會發現彼此之間的共同點多得驚人。

合成一個撥雲見日圖

圖29就是彙整成一個撥雲見日圖的結果[3]。位

圖 28　A 的共同點

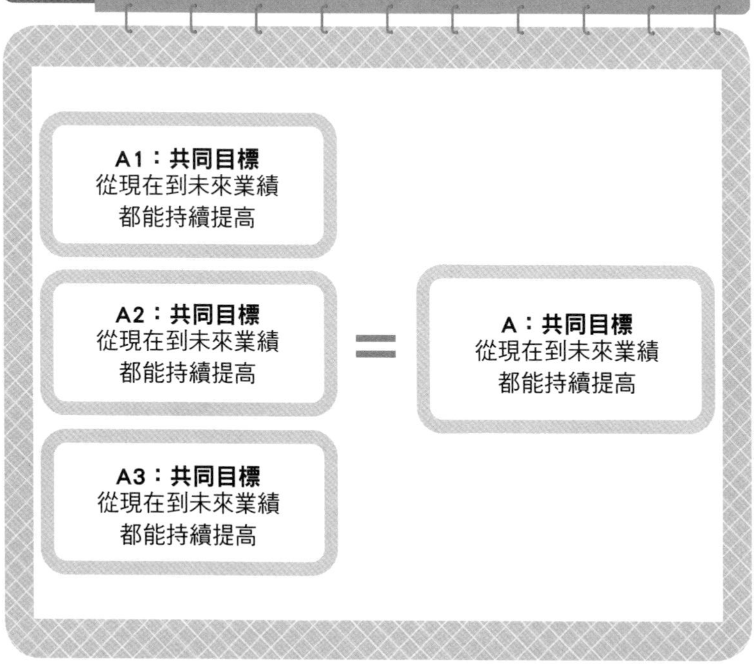

於圖上方的流程（對方），是以達成從現在到未來業績都能繼續提高為目的，以提升局部產能作為要求，實際行動則是追求眼前績效數據的方式，進行局部最適的管理。

另一方面，在下方的流程（自己），是以需要眾人協力的策略性活動為要求，來達成從現在到未來業績都能繼續提高的目的，實際行動則是以著眼於未來，進行整體最適的管理。

總而言之，以「局部最適」或「整體最適」為主的對立與衝突，看起來似乎正是問題核心所在。

如果只考量文字表面的意義，

圖29 合成一個撥雲見日圖

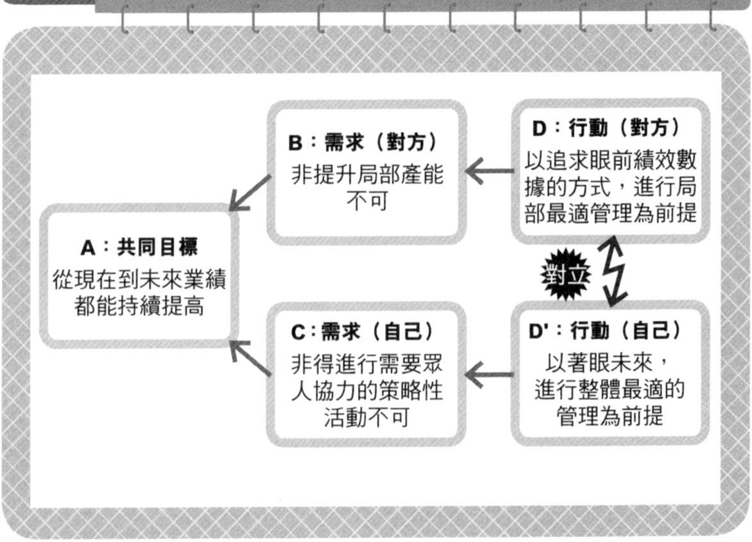
A：共同目標
從現在到未來業績都能持續提高
B：需求（對方）
非提升局部產能不可
C：需求（自己）
非得進行需要眾人協力的策略性活動不可
D：行動（對方）
以追求眼前績效數據的方式，進行局部最適管理為前提
D'：行動（自己）
以著眼未來，進行整體最適的管理為前提
對立

在直覺上，一定會認為，「以著眼於未來，進行整體最適的管理為前提」最好。可是，在實務工作場合裡，為何又會出現那麼大的差異呢？如果讀者曾經這樣思考，接下來的步驟就會讓你興奮不已。現實情況就是，看來理所當然的事，做起來比想像中困難，對立會導致結果朝著不良效應發展。整個流程將在後文進行說明。

勿入「局部最適」陷阱

找出問題的核心以後，接下來看它會衍生出什麼東西來。

在大家的互助合作之下，一定可以創造出更大的成果，整體最適聽起來也很響亮，應該不會有人有異議才對。可是，在另一方面，如果認為整體最適不過是精神口號，而且不知道符合科學的整體最適方法[4]，那情況又會變成怎樣？

人們通常認為，提升局部產能，整體產能也會隨之提升，在彼此競爭的產能的情況下，更能讓產能進一步提升。然後，開始急於提升局部產能這件事。再加上，針對每天的成果感到極大的壓力，總之，就先追求眼前的績效數據再說。結果情況愈來愈惡化，被迫每季都要達成嚴苛的目標，競爭環境也愈來愈嚴峻。如果只顧著追求眼前的績效數據，被迫採取局部最適的管理方式[5]，不也是理所當然的嗎？

問題核心歸納的結果如圖30所示。第二排深色框的部分是核心對立與衝突，因為發生在周圍的所有相關現象，應能了解組織為何會被迫追求眼前的績效數據，採取局部最適的管理方式。

把因果關係畫成圖

要看懂圖30，有獨門的解讀法。從圖下方開始，如果「提升局部產能，整體產能也能隨之提升」，而且想讓「從現在到未來，業績持續提高」，屆時就「非得提高局部產能不可」。從下方開始連結因果關係，就如圖所畫的那樣明確。箭頭表示因果關係，換句話說，代表原因與結果之間有邏輯關聯。正中央的橢圓形意味，兩個項目共同造成結果，具有「而且」的意義。

我們在日常生活中，也經常討論「這個與這個有因果關係」、「這個和這個之間，是不是有什麼關聯性？」之類的話題。這種討論可以歸納整理成下文的圖31。該圖形只使用了箭頭符號、橢圓形，以及各種項目。雖然圖形看起來很簡單，可是整理因果關係

圖 30　問題的核心

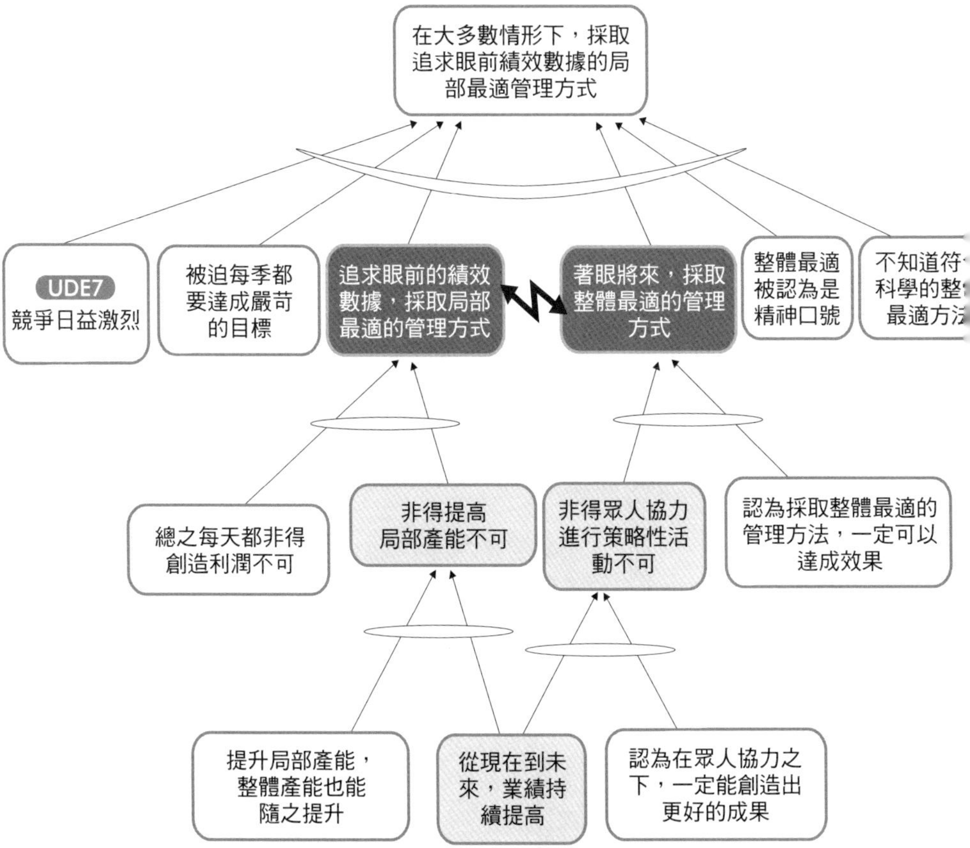
在大多數情形下，採取追求眼前績效數據的局部最適管理方式
UDE7
競爭日益激烈
被迫每季都要達成嚴苛的目標
追求眼前的績效數據，採取局部最適的管理方式
著眼將來，採取整體最適的管理方式
整體最適被認為是精神口號
不知道符
科學的整
最適方法
總之每天都非得創造利潤不可
非得提高局部產能不可
非得眾人協力進行策略性活動不可
認為採取整體最適的管理方法，一定可以達成效果
提升局部產能，整體產能也能隨之提升
從現在到未來，業績持續提高
認為在眾人協力之下，一定能創造出更好的成果

的過程，卻是一件非常累人的工作。不過，先前看上去很複雜的諸多問題，藉由簡單明瞭的圖形呈現，可以逐漸釐清各個問題之間的因果關係。我建議討論過程也要由眾人參與討論，以集思廣益的方式整理，「為何會引起現在的狀況」，並且讓問題間彼此的關係變得更為明確。

見樹也見林

因此，最重要部分在於「關聯性」。人們通常在只見到個別現象的情況下，就一律先進行分析，然後試圖採取解決的方法。這種情況

圖31 把因果關係畫成圖

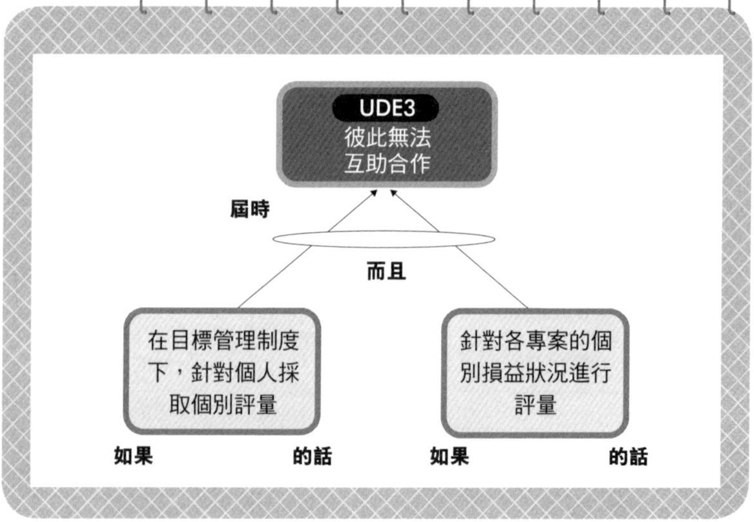
UDE3
彼此無法
互助合作
屆時
而且
在目標管理制度
下，針對個人採
取個別評量
針對各專案的個
別損益狀況進行
評量
如果
的話
如果
的話

不但會陷入「見樹不見林」的窘境，也會忽略問題的核心。然後，顯然只去分析與解決瑣碎問題的外顯症狀，結果卻導致將問題的核心棄之不顧，反而讓所有問題更加惡化。為了解決特定問題而研討出的對策，往往反使工作的實務現場，陷入更深的困境。

因此，我們應該重視的是，個別現象彼此間的「連結」部分，因為「連結」對於了解引起所有問題的原因非常重要。我們在解釋問題本質的時候，並不單在解釋現象而已。「因為○○，所以○○」之類的說法，明確地顯示出因果關係。如果只單單解釋又不斷爭執「是○○」、「是××」，不但毫無意義，甚至會造成對立與衝突。「因為○○，所以○○」，在邏輯上仔細地解釋了因果關係，使解釋具有意義，更說明「關聯性」之不可欠缺。

但是，在大多數情況下，為了分析與解釋「是○○」、「是××」的個別現象，因此又進一步加以分解。這樣一來，不僅更不了解關鍵所在和整體情況，還讓整體問題看起來更加複雜，完全忽略整體狀況，甚至讓問題更加混沌不明。

查閱《廣辭苑》裡對於「邏輯性」的定義，可以查得「①邏輯學上對於處理對象的用語；②邏輯方法；③比喻事物關聯性法則的用語」。換句話說，只要不解釋「關聯性」，就等同於解釋不具邏輯性。「關聯性」產生邏輯，而且也是解決問題的突破關鍵。如果能了解「關聯性」便可想出遏止問題產生連鎖反應的方法。

將焦點放在關聯性上，進一步運用邏輯方法解決問題，這早已不是新的理論。早在古代，物理、化學、醫學等領域的科學問題，就經常使用邏輯方法分析解決。把邏輯方法運用到與人息息相關的組織活動裡，其實也非常合適6。扼要來說，將焦點集中在「關聯性」上，就是使用邏輯方法與科學方法解決問題，這一點非常理所當然。

「局部最適」的惡性循環

讓我們重新回顧第一章的圖3。

如果以追求眼前績效數據，採取局部最適的管理方式作為方針，在目標管理制度下，針對個人採取個別評價，並且針對各個專案的個別損益狀況進行績效評量，最後當然會導致在工作現場的人無法互助合作，而且職場的氛圍也會變得惡劣。

在進行成本削減活動的情況下，又針對各個專案的個別損益狀況進行績效評量，開會次數與報告書就會變多，因此最重要的工作反而無法進行。而且工作場所的工作氣氛若變得惡劣，員工的工作動機也會跟著下降[7]。

隨著上述情況的推展，為了提高個別產能，就會希望能降低產品原先的定價，而為了提高生產效率，第一線的生產人員，就會盡全力製造產品。然後，為了卯起勁來工作，生產批量也會愈來愈大，在產量尚未達到某個程度之前，生產流程不會停止；因此在不斷生產的情況下，不必要的庫存就會變多。如果所有的生產線，總是必須一次性地大量生產，當然也會導致全部訂單的整體前置時間拖得很長[8]。

在競爭日益激烈的情況下，生產線為因應客戶的要求，接二連三地拚命趕工，產品生產流程內容變動頻繁，交貨期限原本夠長，卻因為生產流程變得混亂，導致經常發生交貨延遲的狀況。

市場競爭日益激烈，為了因應多樣化的市場要求，產品必須經常求新求變，研發產品的計畫也會不斷增加。但是，在削減成本的呼聲中，在具前瞻性新產品開發方面，卻非得削減成本不可，由於開會與寫報告的次數過於頻繁，讓研發人員的重要工作難有進展，工作動機也低落，新產品研發進度於是跟著落後，這樣的事完全不會令人覺得意外。

由於具前瞻性的投資經費遭到刪減，無法把成本投入宣傳或新產品研發，造成新產品研發進度落後，在競爭中產品力也相對下降。產品力下降後，在開會與寫報告的次數過於頻繁的工作場合，如果積極性投資的宣傳與促銷費用又受到刪減，那麼營業力也會隨之下降。在營業力下降，產品力下降的情況下，銷售量自然也跟著下降。

在交貨遲延的情況頻頻發生、產品力下降、營業力下降的情況下，顧客滿意度應該也會隨著下降，市占率多半也會跟著下降。

如果產品力下降，市場競爭又日益激烈，就無法阻止產品價格下跌。這時，如果為了提升局部產能而全力製造產品，產品庫存量便會過剩，如果同時「又」無法阻止產品價格下跌，那麼生產成本也無法降低。

在市場競爭中，生產成本無法降低，加上無法阻止產品價格下跌，銷售量無法提升，而且市占率也同步下降，利潤無法提高的狀況，就會持續下去。如果企業將焦點放在利潤無法提高的現實情況，管理階層又會拚命削減成本，那麼工作現場將變得更加緊繃。原本就很嚴峻的態勢，隨著時間經過，只會變得愈來愈嚴峻。

把問題簡化

請讀者留意，圖32以虛線箭頭標線代表的反饋循環。「利潤無法提高」，會加速「成本削減活動」，以及「追求眼前績效數據採取局部最適的管理方式」的進行。這代

圖 32 現況樹圖

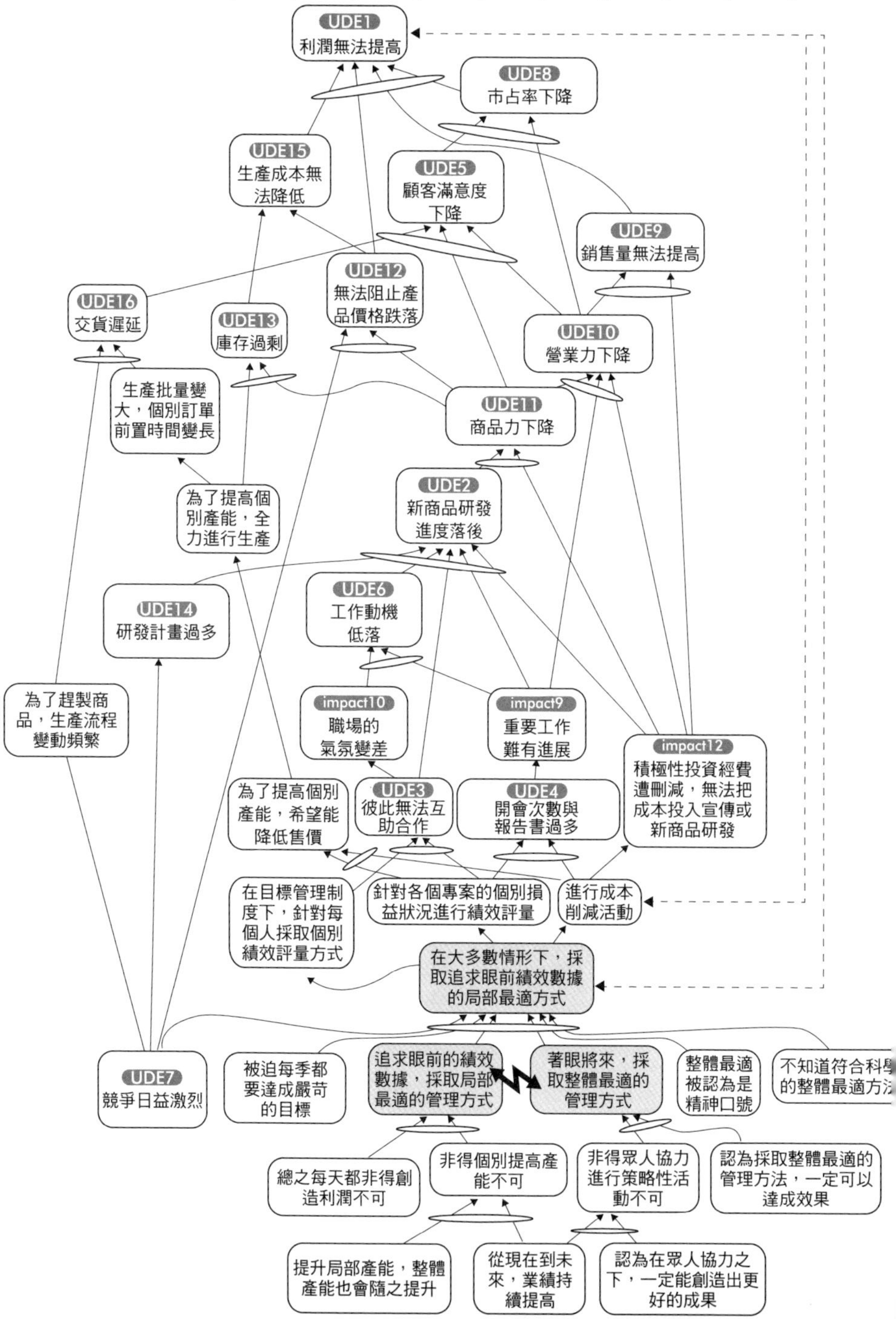
UDE1 利潤無法提高
UDE8 市占率下降
UDE15 生產成本無法降低
UDE5 顧客滿意度下降
UDE9 銷售量無法提高
UDE16 交貨遲延
UDE13 庫存過剩
UDE12 無法阻止產品價格跌落
UDE10 營業力下降
生產批量變大，個別訂單前置時間變長
UDE11 商品力下降
為了提高個別產能，全力進行生產
UDE2 新商品研發進度落後
UDE14 研發計畫過多
UDE6 工作動機低落
為了趕製商品，生產流程變動頻繁
impact10 職場的氣氛變差
impact9 重要工作難有進展
impact12 積極性投資經費遭刪減，無法把成本投入宣傳或新商品研發
為了提高個別產能，希望能降低售價
UDE3 彼此無法互助合作
UDE4 開會次數與報告書過多
在目標管理制度下，針對每個人採取個別績效評量方式
針對各個專案的個別損益狀況進行績效評量
進行成本削減活動
在大多數情形下，採取追求眼前績效數據的局部最適方式
UDE7 競爭日益激烈
被迫每季都要達成嚴苛的目標
追求眼前的績效數據，採取局部最適的管理方式
著眼將來，採取整體最適的管理方式
整體最適被認為是精神口號
不知道符合科學的整體最適方法
總之每天都非得創造利潤不可
非得個別提高產能不可
非得眾人協力進行策略性活動不可
認為採取整體最適的管理方法，一定可以達成效果
提升局部產能，整體產能也會隨之提升
從現在到未來，業績持續提高
認為在眾人協力之下，一定能創造出更好的成果

表隨著時間的經過，情況將愈來愈嚴峻的惡性循環。不論對現場工作人員來說，或者對管理階層來說，因為隨著時間經過，情況愈來愈棘手，應該也能了解，眼前極為惡劣的狀況，是因為問題的結構本身所致。所有現象並非是各自獨立，掌握每個現象相互間的關聯性，便可更加深刻地了解現況。運用現況樹，能讓現狀的問題結構顯現出來

TOC理論有兩個重要的基本思考方法，其一是讓問題簡單化。如果問題顯得紊亂不堪，人也不知該從哪裡著手解決。可是，一用現況樹來呈現問題的結構，那些乍見之下錯綜複雜的各種現象，以及現象之間的關聯性，便很容易找出來，問題也得以簡單化，進而易於理解，該從哪裡著手也就一目瞭然。換句話說，從核心問題下手，才是得以快速有效解決問題的突破關鍵。

現況樹

雖然，必須絞盡腦汁才畫得出現況樹圖，不過若是和很多夥伴一起畫，那就是非常刺激又有趣的過程了[9]。

圖 33　讓呈現核心對立與衝突的撥雲見日圖迴轉 90 度

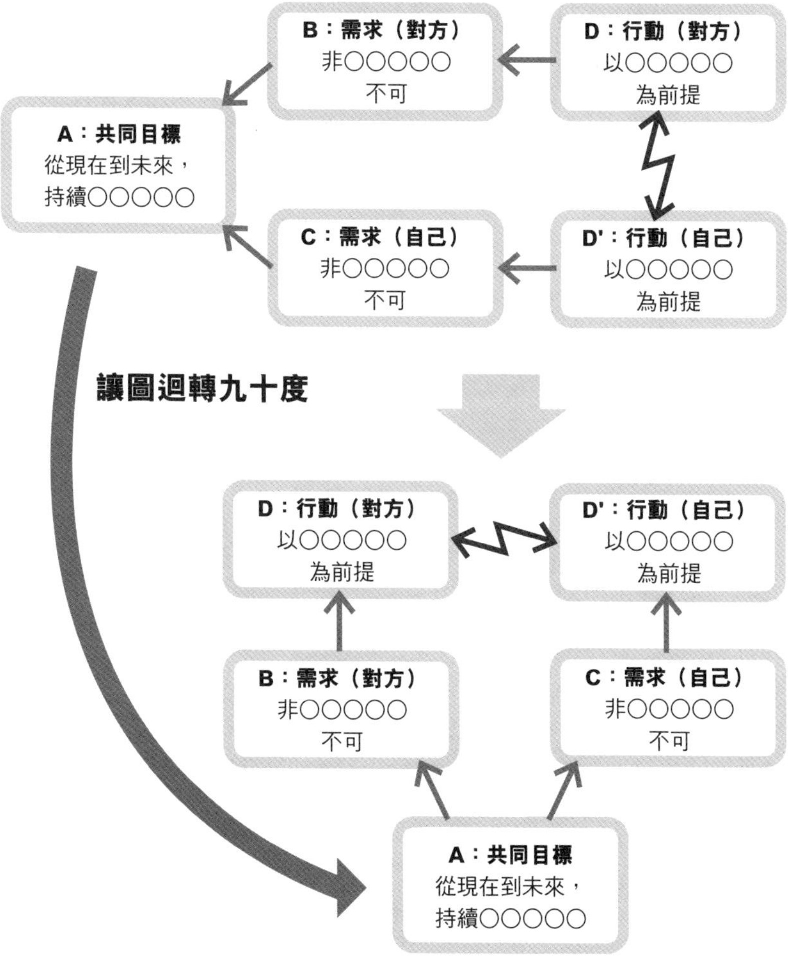

首先，將顯示對立的撥雲見日圖作九十度迴轉。共同目標是A。運用上述的因果關係邏輯，如果「進行A」，到時候就會「變成B」。試著念出來後，也許會覺得很奇怪。原本認為A，進行B是必要條件；但是這次為了達成A，卻不是非得進行B不可。

舉例來說，先看看第九十八頁的撥雲見日圖（圖29）。如果將它迴轉九十度，就會變成下面的圖34。由下往上讀，要達成「從現

圖 34　由下往上讀

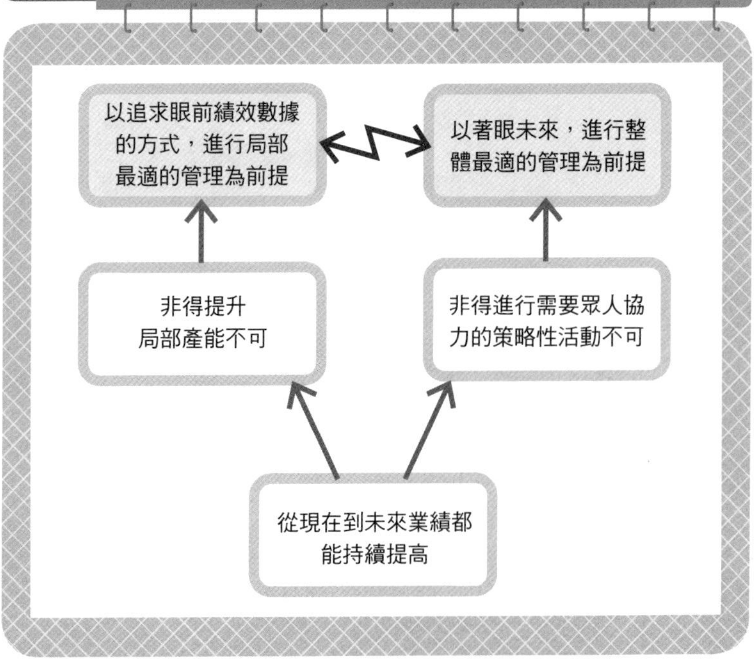
以追求眼前績效數據的方式，進行局部最適的管理為前提
以著眼未來，進行整體最適的管理為前提
非得提升局部產能不可
非得進行需要眾人協力的策略性活動不可
從現在到未來業績都能持續提高

在到未來業績都能持續提高」，若只有「非得進行需要眾人協力的策略性活動不可」，總讓人感覺有不足之處。簡單講，雖然滿足必要條件，卻未滿足充分條件。如此思考便可察覺，將同一個項目讀成必要條件，或是讀成充分條件，意義截然不同，重新以「關聯性」的概念加以理解非常重要。

如果認為達成「從現在到未來業績都能持續提高」，只有「非得進行需要眾人協力的策略性活動

圖 35　想出不足之處

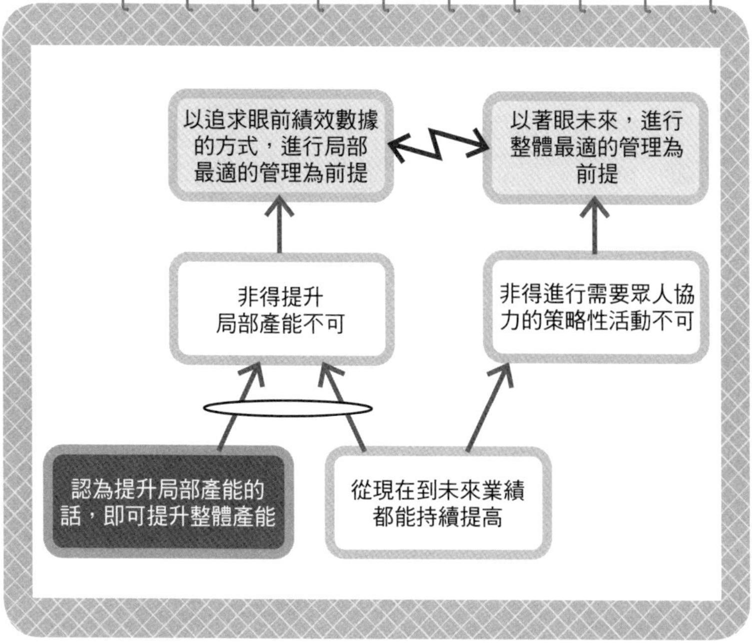
以追求眼前績效數據的方式，進行局部最適的管理為前提
以著眼未來，進行整體最適的管理為前提
非得提升局部產能不可
非得進行需要眾人協力的策略性活動不可
認為提升局部產能的話，即可提升整體產能
從現在到未來業績都能持續提高

不可」有不足之處，那麼應該還有其他必要的條件才對。我們應該訓練自己這樣思考。

舉例來說，在上述情況，如果「認為提升局部產能，即可提升整體產能」，而且「從現在到未來業績都能持續提高」，屆時「非得提升局部產能不可」，並非沒有道理。

圖35的左下深色框部分顯示，「認為提升局部產能，即可提升整體產能」這個項目，是為了達到「非得提升局部產能不可」所不可欠缺的項目。

在確認的時候，可以試著念出聲音來。如果念起來覺得怪怪的，或許是還有什麼不足之處。這時，就可以再追加一個項目上去。

找出關聯性最強的假設

在這裡，希望讀者注意的是，「認為提升局部產能，即可提升整體產能」這個項目。先前已討論過關於假設的問題，但如果試著思考，環繞在顯示核心對立與衝突的撥雲見日圖旁邊的假設，可以畫成如同圖36的圖形。希望讀者注意，連結A與B之間的箭號上的假設方框。方框裡的三個項目，是在A與B具有關聯性背景下的假設。為了滿足新的充分條件，必須在這些假設當中，找出讓A與B關聯性最強的假設。原因在於，讓A與B關聯性最強的假設，其實就是讓人認為「為了達成A，B是必要的條件」之假

圖 36　找出讓關聯性最強的假設

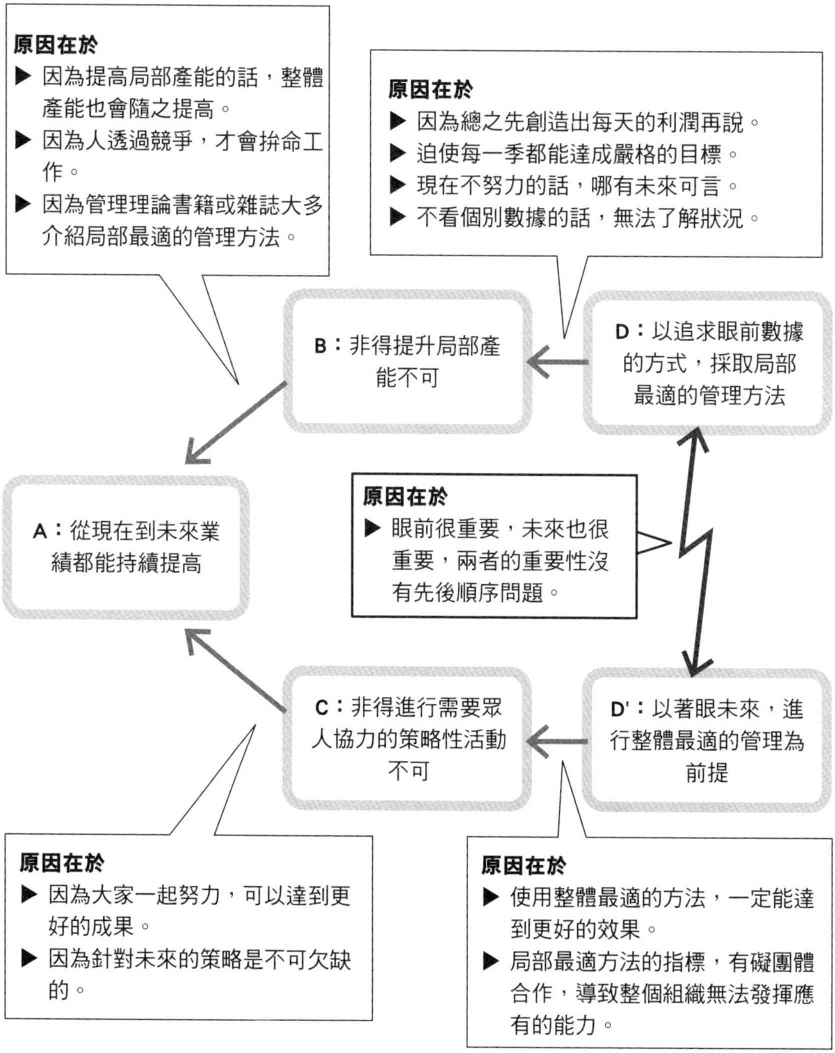
原因在於
▶ 因為提高局部產能的話，整體產能也會隨之提高。
▶ 因為人透過競爭，才會拚命工作。
▶ 因為管理理論書籍或雜誌大多介紹局部最適的管理方法。
原因在於
▶ 因為總之先創造出每天的利潤再說。
▶ 迫使每一季都能達成嚴格的目標。
▶ 現在不努力的話，哪有未來可言。
▶ 不看個別數據的話，無法了解狀況。
B：非得提升局部產能不可
D：以追求眼前數據的方式，採取局部最適的管理方法
A：從現在到未來業績都能持續提高
原因在於
▶ 眼前很重要，未來也很重要，兩者的重要性沒有先後順序問題。
C：非得進行需要眾人協力的策略性活動不可
D'：以著眼未來，進行整體最適的管理為前提
原因在於
▶ 因為大家一起努力，可以達到更好的成果。
▶ 因為針對未來的策略是不可欠缺的。
原因在於
▶ 使用整體最適的方法，一定能達到更好的效果。
▶ 局部最適方法的指標，有礙團體合作，導致整個組織無法發揮應有的能力。

設。因此，從對話方框裡的三個假設當中，可以選擇「因為提高局部產能，整體產能也會隨之提高」作為讓A與B關聯性最強的假設。

同樣地，試著討論讓B與D關聯性最強的假設是什麼，或許遺漏掉的假設會出現在這個地方。如果每次都能在這種情況下發現就好了。舉例來說，或許讓B與D關聯性最強的假設是，「如此可迫使每一季都能達成嚴格的目標」。不過，如果認為光是這個假設還不夠充分，可以試著加上「競爭日益激烈」看看。然後念出聲音來。「如果『可以迫使每一季都達成嚴格的目標』，而且『競爭日益激烈』，那麼就會希望『以追求眼前績效數據的方式，採取局部最適的管理方法』。」此時，假如認為關聯性已經很強，那就OK了。

在這裡，產生對立與衝突的情況，若是「整體最適不過是個精神口號」，而且「不了解符合科學的整體最適管理方法」，即使知道「著眼將來，採取整體最適的管理方式」很好，結果應該也會變成「在大多數情形下，採取追求眼前績效數據的局部最適管理方式」。

這類關鍵性的對立，就是產生混亂的源頭，而且會從這裡衍生出先前列舉的各種不良效應。

找出不良效應的關聯性

接下來，找出先前列舉的各種不良效應的關聯性。不只是逐一找出，那些先前列舉的不良效應之間的關聯性，還包括一些沒找出來的項目。這些新項目，只要想出來的時候，加上去就可以了。在討論過程中所發現的新項目，有些是沒有辦法、無法改變的現實，而認為不屬於不良效應。例如「為了趕製產品，生產流程變動頻繁」的現象，當初之所以不被認為是「不良效應」，是因為在競爭日益激烈的情況下，為了因應客戶的需求，至少為了要讓客戶獲得滿足，在工作現場不也將這個課題當成「在現實上沒有辦法的事」來應對嗎？

如此討論下來，可以察覺工作現場經常必須在嚴苛的狀態下努力奮鬥，而且也會讓人不禁聯想到，或許只要改變某些情況，就會成為解決問題的關鍵。

為了加快找出問題關鍵的速度，我稍微下了點功夫，將本書第二十九頁的不良效應列成了表，並且將不良效應為何「不良」，及不良效應在現場造成的影響，歸納羅列在圖37。

包括不良效應和不良影響在內，可以讓大多數人看到之後，馬上就能找出項目之間的關聯性。如果大家一起畫現況樹，可以逐一仔細地將第一〇二頁列舉的因果關係圖

圖 37 列出不良效應引發的不良影響

為何非得改變不可？

	不良效應	不良影響
UDE1	利潤無法提高	因為無法調薪，工作動機下降。積極性的投資經費遭刪減，無法把成本投入宣傳或新商品研發。
UDE2	新產品研發太慢	由於商品不具競爭力，只好採取殺價競爭的方式。獲利率降低，利潤無法提高。
UDE3	彼此無法互助合作	職場氛圍變得惡劣。彼此不想互助以進一步提升工作成果。
UDE4	開會次數與報告書過多	忙於開會與寫報告書，因此最重要的工作反而無法進行。
UDE5	顧客滿意度下降	出現負面評價，影響下一次的交易。
UDE6	工作動機低落	工作的人是公司員工，如果工作動機下降的話，無法產出更好的商品，或者提供更好的服務。
UDE7	競爭日益激烈	非得以便宜的價格銷售不可。
UDE8	市占率降低	銷售量與利潤都下降。
UDE9	銷售量無法提高	利潤無法提高。
UDE10	營業力下降	市占率下降，利潤降低。
UDE11	產品力下降	市占率下降，利潤降低。
UDE12	無法阻止產品價格下跌	利潤下降。
UDE13	庫存過剩	利潤下降，成本提高。
UDE14	研發計畫過多	研發團隊將研發成果商品化的效率無法提高。
UDE15	生產成本無法降低	利潤無法提高。
UDE16	交貨延遲	顧客滿意度下降。

形，以「如果……而且……屆時就會……」的句型，反覆念出聲音[10]；大家一邊提出自己的意見，一邊畫出現況樹。

畫好了樹圖以後，再試著念出聲音來。一個人念也可以，如果可以，最好是大家一邊討論一邊念出來。如同「深入了解問題，等同於解決問題」這句話，在問題變成大家必須共同面對的課題之後，好主意也會紛紛出籠，朝向解決問題邁出一大步。

在這裡有個重點，畫現況樹的過程本身非常有趣，如果有很多成員參與，然後進一步討論，彼此之間的溝通也會熱絡起來。另一方面，如果太過沉迷於縝密的理論架構，那麼畫出現況樹本身，或者學習思考流程本身，反倒成了目的。我希望各位讀者再次重新思考，所謂的思考流程，只不過是用來解決問題的工具而已。現況樹的功能，是把現在的問題結構化。它的目的在於，讓問題的結構變得明確，以及了解應該如何改變，若能達成這個目的就好了。然後，聚集所有與問題相關的人，一起念出聲音來。這能讓大家實際感受到，「啊！這就是問題的結構。如果不改變，問題會變得很棘手」，如此便成功了。

高德拉特博士很喜歡說，「Good Enough」（夠好）這個詞。如果做事態度敷衍馬虎，確實會使人非常困擾。在大家的協調之下，思考何謂「很好」，是一件非常重要的事。由面對問題的當事人親自處理，一定比較好。原因在於，面對問題的當事人，比誰都清楚實際狀況。在我問完「還有什麼地方在意嗎？」以後，如果得到大家的同意，一切就ＯＫ了。

說明到這裡，我想很多人已經發現，撥雲見日圖與現況樹，都是將所認知的現實情況，建立起其中的結構，並進一步分析整理的工具。在嚴苛而受到諸多限制的複雜現實中，或許大家會徹底死心放棄，或是產生激烈的對立與衝突，而自己對解決問題，卻深感無能為力。

在這樣的現實情況下，找出各種現象之間的關聯性，對於現實的理解會產生很大的變化。解決問題的第一步，不是立刻改變現實，而是以邏輯觀點認識現實[11]為開始。

從這個小小的第一步，熟練地找出不良效應之間的關聯性，就可能改變猶如盤根錯節鏈條般[12]的現況，從而解決問題。

Column

確認樹圖邏輯的方法

畫出來的樹圖，邏輯是否正確，或許會讓人不太有信心。在這個時候，為了讓參與畫出樹圖的同伴更有自信，可以驗證樹圖邏輯的正確性。這裡介紹七種便捷的邏輯驗證方法（Category of Legitimate Reservation, CLR）。

「Category of Legitimate Reservation」是非常不容易翻譯的名詞。Category是「種類」的意思，Legitimate則是指「邏輯性」，Reservation則有「保留、條件」等意思。Reservation這個抽象的單字，僅從字面不易理解，但在此應解讀為「確實沒有對關聯性存疑的狀態」。而在存疑的狀態下，為了讓大家對關聯性的存在抱持確實可信，可運用下列七種方法進一步驗證。

①明確性（Clarity）

寫入各個項目的陳述是否簡短、明瞭、易懂？念出聲音來，確定別人也很輕易就可以理解。在這裡最重要的，並不是去驗證或批判寫出來的內容，而是陳述的邏輯是否清晰明白，他人是否也可以徹底理解。

（實際可行的質問方式）

將內容念出聲音……「這樣的陳述大家是不是覺得簡單明瞭？」

②項目實存性（Entity Existence）

確認寫入各個項目的事項，是實際存在的。實際上，項目寫的內容或許不是事實，或許有錯誤的地方。對此進行驗證。

（實際可行的質問方式）

將內容念出聲音……「這種情況真的存在嗎？」

③因果關係（Causality Existence）

連結項目之間的箭號，箭尾所代表的原因，是否會導致箭頭所指的項目發生？確認其間的因果關係。因為邏輯若是太過跳躍，會導致他人無法理解。

（實際可行的質問方式）

「A如果是原因，是否會導致B的發生？」

④原因不充分（Cause Insufficiency）

也有明明造成結果的發生，但原因卻不夠充分的情形。簡單來說，就是光只有一個原因，並不足以導致結果的發生。

（實際可行的質問方式）

「如果只有A一個原因，是否會導致B的發生？」

⑤其他原因（Additional Cause）

產生某種結果的理由，未必只有一個。如同前述，有兩個以上的複數理由，在交互作用下導致結果產生的情況，也有截然不同的其他原因，導致相同結果發生的情況。

（實際可行的質問方式）

「是否有與A截然不同的其他原因，導致同樣的結果發生？」

⑥因果倒置（Cause-Effect Reversal）

雖然透過邏輯找出了各種關聯性，但不知不覺之間，也有可能發生倒果為因的情況。例如「英文成績不好」→「不擅長英文」的邏輯。其實應該是不擅長英文這個原因，導致「英文成績不好」的結果。因此必須驗證因果關係是否有倒置的情況。

（實際可行的質問方式）

「A與B是否有倒果為因的情況？如果把B當成原因，是否會導致A的發生？」

⑦預期結果的存在（Predicted-Effect Existence）

由單一原因引起的現象，未必只有一種，反而引發數種現象的產生，才是正常的。除了現在認知的現象以外，即使只有一個理由，發生諸多其他的現象或許也不會令人感到意外。有可能是還沒發現，但其實已經存在的現象，或者才剛剛萌芽，未來會成為問題的現象。雖然，目前尚未發生，還是先列舉出來，之後也經常會發現預期的現象確實發生。

（實際可行的質問方式）

「A引發的現象只有B嗎？難道沒有其他可預測的結果嗎？」

或許你會覺得，驗證方法用到七種之多非常辛苦，但是不用擔心，其實透過直覺認定合理就可以了。實際運用上，在討論接近完成的時候尤其重要，經常可以在運用這七個方法時，找到突破性關鍵。以邏輯觀點討論看起來很麻煩，但實際做卻很簡單，只要運用圖38進行質問即可，反覆練習後，可以訓練思考能力，培養分析、解決問題的能力。

圖 38 用來進行邏輯驗證的質問

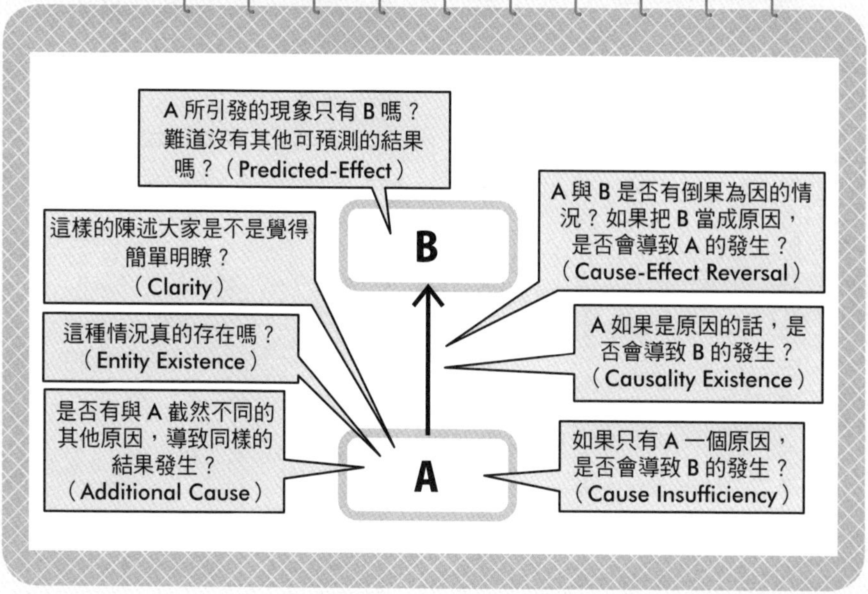

Case Study

消除核心對立與衝突

「請正確地定義問題，這麼做問題就解決一半了。」這是高德拉特博士的口頭禪。再次仔細觀察現況樹，就能發現公司內部四個部門的問題已然浮現。然後，這時應可了解那些問題都是核心對立造成的。

在分析管理、研發、製造、營業部門各自的對立以後，若是可以消除對立與衝突，就等同於朝著解決問題的目標邁進了[13]。

讓我們試著實際以三個撥雲見日圖法，檢討各部門的對立與衝突，運用「尊他、重己、時宜、妙策」的消除對立法，驗證看上去像是「錯誤假設」的假設。

1 管理部門的撥雲見日圖

觀察圖40就能理解，這裡的核心對立在於，要採取整體最適管理方法，還是局部最

圖39 「改變」與「不變」的對立

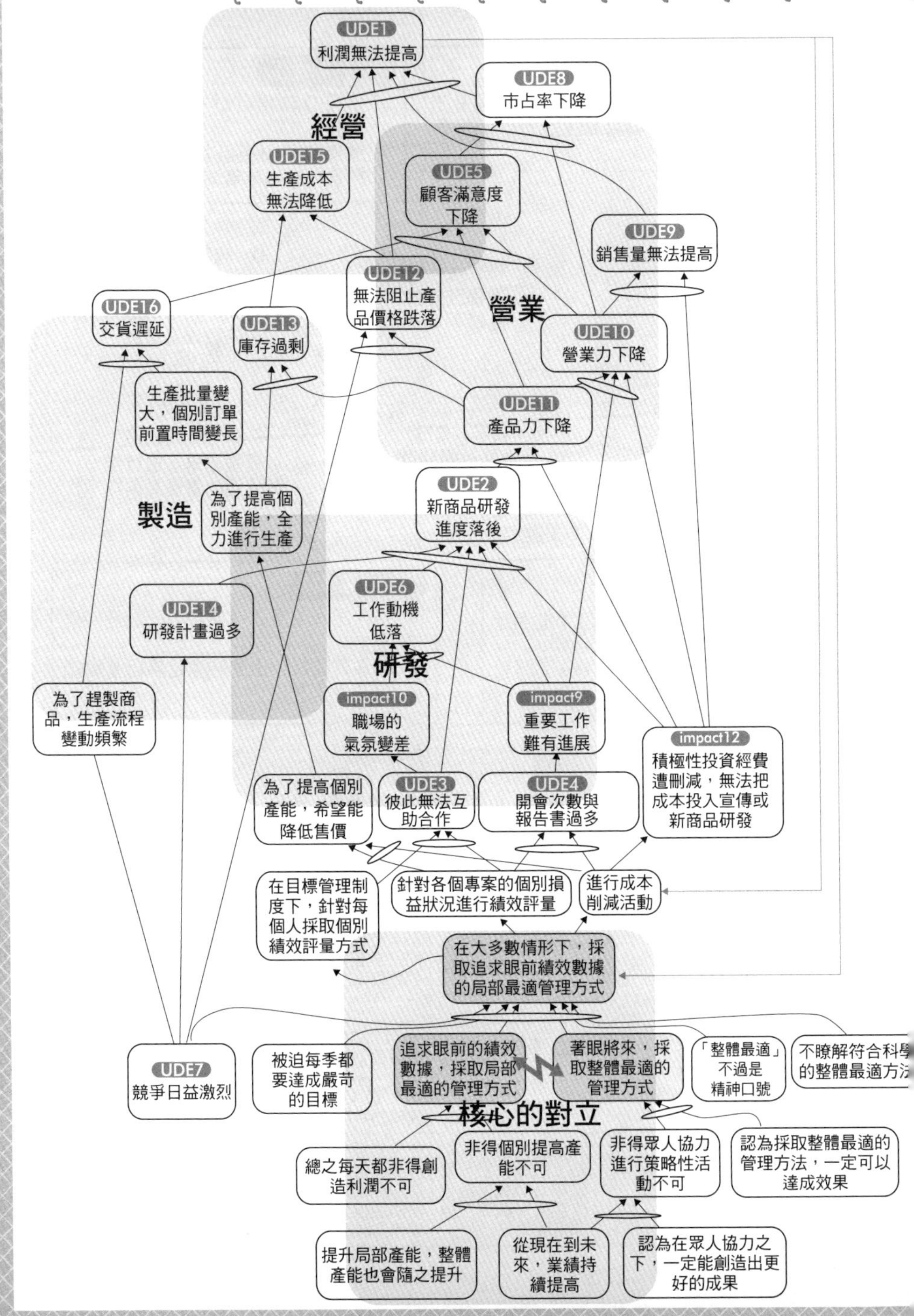

圖 40 用「尊他、重己、時宜、妙策」方法剖析管理部門的撥雲見日圖

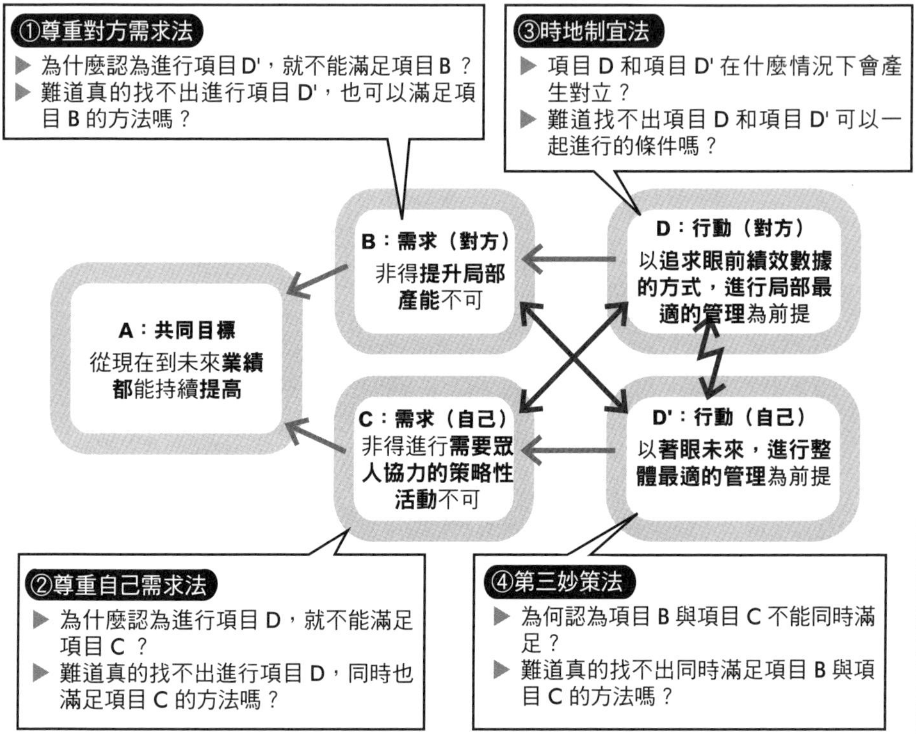
①尊重對方需求法
▶ 為什麼認為進行項目 D'，就不能滿足項目 B？
▶ 難道真的找不出進行項目 D'，也可以滿足項目 B 的方法嗎？
③時地制宜法
▶ 項目 D 和項目 D' 在什麼情況下會產生對立？
▶ 難道找不出項目 D 和項目 D' 可以一起進行的條件嗎？
B：需求（對方）
非得提升局部產能不可
D：行動（對方）
以追求眼前績效數據的方式，進行局部最適的管理為前提
A：共同目標
從現在到未來業績都能持續提高
C：需求（自己）
非得進行需要眾人協力的策略性活動不可
D'：行動（自己）
以著眼未來，進行整體最適的管理為前提
②尊重自己需求法
▶ 為什麼認為進行項目 D，就不能滿足項目 C？
▶ 難道真的找不出進行項目 D，同時也滿足項目 C 的方法嗎？
④第三妙策法
▶ 為何認為項目 B 與項目 C 不能同時滿足？
▶ 難道真的找不出同時滿足項目 B 與項目 C 的方法嗎？

箭號	假設	解決對策	如何執行	好處
尊重對方需求法 D'-B	為了提升局部產能，讓彼此相互競爭是最有效的方法。	讓大家都知道，如果採取讓內部彼此競爭的方式，會對現況造成哪些問題。	大家一起畫出現況樹圖，進而瞭解催化內部競爭是如何對未來造成不良影響，甚至也會影響眼前的數據。	◎可將精力集中到核心問題上，大家能同心協力解決問題。 ◎讓大家學習思考程序，培養具有問題解決能力的人才。
尊重自己需求法 D-C	眼前的工作一大堆，自己的工作就忙不過來了，所以與別人同心協力。	即使是追求眼前的數據，也要大家同心協力去完成。	加速更正局部最適的方針。	◎使得整體最適的管理方式得以實現，職場上充滿彼此互助的良好氛圍。
時地制宜法 D-D'	在平日做決定時，往往會陷入整體最適比較好，或者是應該重視個別指標的困境。	以整體最適的方式作出決策。局部最適的指標，則作為結果考量。	運用以 TOC 理論整體最適觀念為基礎的「產出成本會計」（TA），作為決策的手段。	◎根據數字作為管理依據，讓權威正統的管理方式得以實現。
第三妙策法 E	兼顧眼前與未來很困難。	將注意力集中在限制（瓶頸）上，處理核心問題，盡快改善成兼顧現在與未來的情況。	使用五項聚焦步驟作為改善方法，在最短期間內，以最快的速度進行整體最適的改革。	◎培養可以持續進行改善的人才。 （Process of On-Going Improvement：POOGI）

適管理方法？討論到現在為止，從現況樹應該可以看出，局部最適管理架構是如何侵蝕全體組織，妨礙整體的協調，讓組織無法發揮應有的力量。

雖然如今已經無庸贅言，但我還是要再強調，為了達到更好的成果，大家共同協力，採取整體最適的管理方法一定比較好[14]。

可是，正視現實狀況，往往不知不覺又轉回使用局部最適管理方法。雖然心裡非常清楚為了將來，現在非得做些什麼不可；然而，每天出現在報表上的績效指標帶來的壓力，又讓人難以忽視，因此目光又只好專注在眼前的狀態。

眼前與將來的對立；局部最適與整體最適的對立。順利地消除對立，雖然是眼前的活動，但我們可採取具有邏輯性的整體最適管理方法，在最短時間內，以最快速度改變。為了達到上述目的，我們可以利用五項聚焦步驟（Five Focusing Steps）[15]的管理方法。五項聚焦步驟，是透過合理自然的思考方法，用以提出改善措施，內容如下：

步驟1　找出限制之所在

步驟2　充分利用限制

步驟3　非限制項目必須支援步驟2的利用計畫

步驟4　改善限制提升其能力

步驟5　注意惰性問題，假如步驟4的改善打破原先的限制，則回到步驟1

步驟1　找出限制之所在

組織的系統內部，當然會存在某些的不一致。在此，也希望能讓讀者對產品製造作業流程有更清楚的概念。假設生產線上有五名作業員製造產品，在一小時內，每位作業員分別可以製造出二十個、十五個、十個、十二個、十六個產品，在這樣的生產流程下，一小時可以製造出來的產品數量是多少？二十個？還是十六個？不，應該說，產出不會超過十個。為什麼？因為最中間的作

圖41　五名作業員的生產線

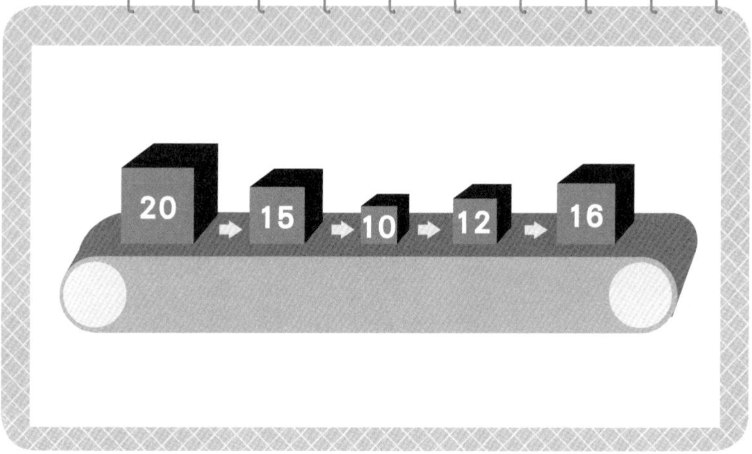

業員，一小時內只能製造出十個，因此要產出數量超過十個會有困難。

那該怎麼辦？如果按照我們的直覺，應該非得設法處理，圖41生產線中央只能產出十個產品的問題，這就是所謂的限制（或說瓶頸）[16]。如果透過直覺思考，我們會覺得針對限制進行改善，是理所當然且很合理的作法。換句話說，若針對限制之外的項目做決策，那就無法提升整體產能了。只把焦點放在限制這一點上面，才是整體最適的決策活動。不過，我們集中力量在一個焦點，又說這是整體最適，總令人感覺有些奇怪，但在邏輯上卻非常明確。簡言之，「為了達成整體最適，必須將焦點放在稱之為限制的瓶頸上[17]！」

步驟2　充分利用限制

我們找出的限制，是否真的已經充分運用？舉例來說，作業員休息時，機器是否還在運轉？從其他生產線送來的零件器材太晚到，是否導致機器暫停運轉[18]？因為限制決定整體產出，徹底、充分地運用限制，才是在最短時間內提升整體產量的最快方法。

步驟3　非限制項目必須支援步驟2的利用計畫

為了充分利用限制，其他所有非限制項目也非得全力配合不可。如果無法製造出十個產品以上，那麼即使有別的作業員能做出二十個，也是無謂的浪費[19]。當然，如果一開始就設定製造十個產品，就有改變作法的必要[20]。

這個具有從屬性的步驟，在邏輯上雖然看起來理所當然，但實行起來卻比想像中困難。原因在於，若是作業員績效指標評量，採取個別評量方式，那麼在最多可以製造出二十個產品的情況下，對只能製造十個的作業員而言，這代表他的生產效率只達到一半。如果你站在作業員的立場，生產效率被評量成只有別人的一半，你會怎麼做呢？那絕對不是自己所希望的。然而，工作現場的狀況瞬息萬變，因為不知道市場未來狀況如何，為了慎重起見，想多製造一些產品備貨，認為這麼做比較好，不也是一種人之常情的表現？但是，基於這種人性觀點的生產方式，也會讓庫存產品數量不斷增加。

為了不讓生產流程出現任何無謂的浪費，首先必須先認識到，別讓產出超過瓶頸數量，投入的資源也不應該超過限制，這是非常重要的。這樣做，實際上就是一種整體最適的決策[21]。

實行步驟3後，會發現令人驚訝的事。如果因應限制，從一開始只投入資源製造十個產品，則多餘的庫存便會完全消失。只要不做無謂的投資，零件、材料的採購數量也會大幅減少，使得組織產生短期現金流量。另外，在找出瓶頸以前，按照先前的生產流程，一定會製造出大量產品，然而那未必是客戶需要的。在提高產能的名義之下，先前的生產流程，反而製造了超過需求的產品；但仔細運用瓶頸概念後，便可以有效率地生產。注重瓶頸概念生產指的是，要特別注意只賣可以賺錢的產品，所以投入資源時，必須考量這個前提。這裡所謂的「瓶頸」是指，在能賣完的瓶頸數量範圍內投入資源。運用瓶頸概念，可以讓產品全部賣完，讓資金的運用與籌措變得更靈活。由於，從生產線製造的庫存品數量壓倒性地減少，使投入資源到產品完成的流程，也變得更加順暢，前置時間隨之大幅縮短[22]。另外，在生產作業的各個方面，由於只要製造瓶頸數量範圍內的產品，生產現場的作業狀況也會變得比較不那麼緊繃。

步驟4　改善限制提升其能力

若是能讓非限制項目配合限制，我們就能致力於改善的限制。一般來說，很多情形都是省略步驟1、2、3，直接跳到步驟4來做。相較於單純用金錢就能解決的情況，所謂的限制，通常以技術問題、或其他問題，成為組織常年限制的情形比較多，很難在短期間內解決。雖然，也有用錢可以解決問題的情況，但不可能無視於投資經費不斷膨脹的風險。其實在實踐步驟1到3以後，之前被隱藏的能力就會浮現出來[23]。以圖41為例，除了中央那位作業員屬於「限制」的生產作業以外，其他非限制部分便產生餘裕，可以支援中央作業員的生產作業。此外，從步驟1到步驟3創造出來的資金，也可以用在投資上。不消多說，從步驟1到步驟3，是盡可能在不耗費金錢的情況下，產生最大成果[24]。在徹底運用限制前，所有追加的投資，有可能都只是無謂的浪費，因此，應該在徹底運用限制後，視限制運用情形決定投資決策，這才是明智之舉[25]。

步驟5　注意惰性問題，假如步驟4的改善打破原先的限制，則回到步驟1

實行上述的改善步驟以後，或許限制會移轉到別的地方也說不一定。我們嘴邊經常掛著「持續改善」這種話，但在實際執行上卻很困難。執行到步驟4以後，若是得到的成果愈大，就愈容易滿足於現狀，進而引發惰性。為了避免惰性的出現，此刻就要敲響警鐘，為進一步的改善，訴諸行動，回到步驟1[26]。

第五個步驟說來非常簡單，重點是把焦點放在限制上。首先，這不是不顧後果，毫無章法地行動，而是將焦點集中在限制上。這是最短、最快，而且整體最適的改善捷徑。這個限制，是一種「獲利速度」的限制，如果集中在這上面，賺錢的速度就能大幅加快，不僅很切實際且符合邏輯，同時也是一個非常值得提倡的方法。導入TOC理論的企業不在少數，導入之後，成效展現也快得令人驚訝，那是因為五項聚焦步驟，就設計來協助組織花費最少時間、且最快達到成果。這個方法可以徹底持續地改善工作現場的狀況，實行的方式也極為簡單，兼具邏輯與適切，經由在現場執行與體驗，培養出可以運用整體最適觀點管理的人才。

比起整體最適管理方法，我更希望可以考量所有個別活動與整體的關聯性，來處理組織的活動。在這層意義下，稱之為「協調管理」或許更為恰當[27]。

2 研發部門的撥雲見日圖

圖42是研發部門的撥雲見日圖。市場競爭日益激烈，帶給研發部門的壓力只會愈來愈大。為了從激烈的競爭中脫穎而出，必須縮短專案的完成期限，製造出品質更優越的新產品。然而，市場需求變化多端，為了因應需求，產品設計也愈來愈多樣化；於是，新的專案愈來愈多，但是研發人員人力有限，因此經常陷入「盡早著手新專案」或「暫緩進行新專案，優先進行既有專案」的兩難情形。新專案往往帶來很大的壓力，對於有責

圖 42　用「尊他、重己、時宜、妙策」方法剖析研發部門的撥雲見日圖

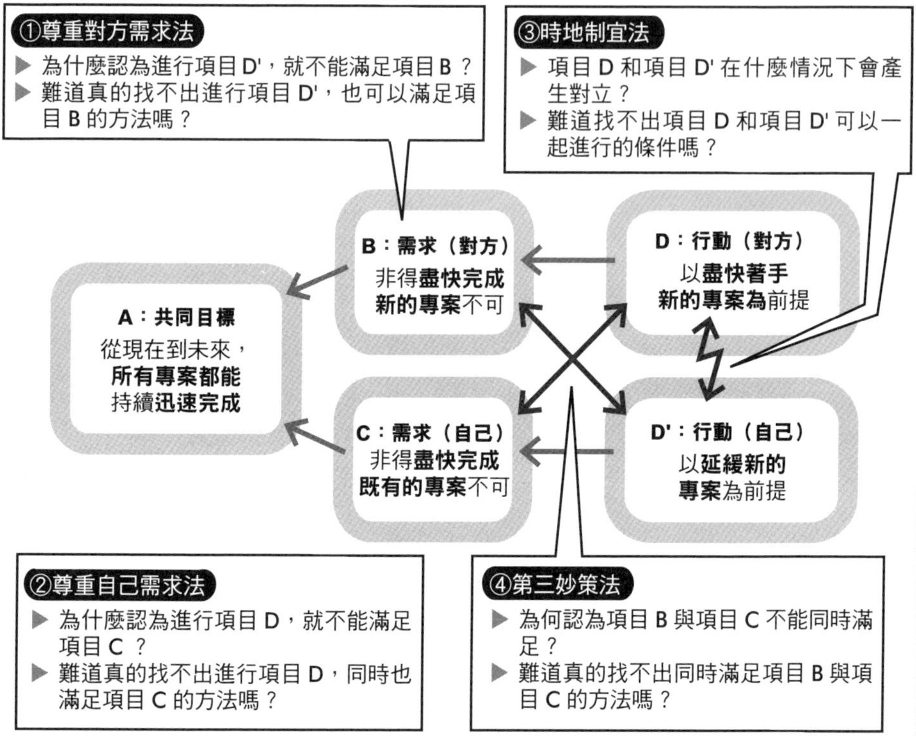

①尊重對方需求法
▶ 為什麼認為進行項目 D'，就不能滿足項目 B？
▶ 難道真的找不出進行項目 D'，也可以滿足項目 B 的方法嗎？
③時地制宜法
▶ 項目 D 和項目 D' 在什麼情況下會產生對立？
▶ 難道找不出項目 D 和項目 D' 可以一起進行的條件嗎？
A：共同目標
從現在到未來，所有專案都能持續迅速完成
B：需求（對方）
非得盡快完成新的專案不可
C：需求（自己）
非得盡快完成既有的專案不可
D：行動（對方）
以盡快著手新的專案為前提
D'：行動（自己）
以延緩新的專案為前提
②尊重自己需求法
▶ 為什麼認為進行項目 D，就不能滿足項目 C？
▶ 難道真的找不出進行項目 D，同時也滿足項目 C 的方法嗎？
④第三妙策法
▶ 為何認為項目 B 與項目 C 不能同時滿足？
▶ 難道真的找不出同時滿足項目 B 與項目 C 的方法嗎？

箭號	假設	解決對策	如何執行	好處
尊重對方需求法 D'-B	如果延遲新專案，那麼該計畫完成的時間就會遲延。	實際執行計畫的是人，為了盡早作出成果，盡可能不讓現場出現「多工作業」的現象。	為了趕上研發期限，在管理上不讓現場出現「多工作業」的現象。	◎ 現場從多重任務的狀態解放以後，可以全神貫注處理任務。 ◎ 工作環境變好以後，工作品質也會隨之提升。
尊重自己需求法 D-C	專案充滿不確定性，不盡早開始會產生遲延的現象。	為了因應將個別任務的不確定，將安全保護時間合併為一，以緩衝管理的方式進行策略性配置，運用整體最適的管理方法。	運用必要條件（Backward Planning）、充分條件的邏輯，大家仔細地找出任務，運用合併了個別任務的安全保護時間之緩衝，以緩衝管理的方式進行前置管理。	◎ 抽出緩衝時間加以合併之後，個別任務責任感的不確定性的也隨之被抽出，如果這些責任感能合而為一的話，那麼就能充分發揮團隊精神。 ◎ 得以進行前置管理。 ◎ 技術與經驗的傳承。
時地制宜法 D-D'	各專案的研發人員，對自身的計畫都有責任感，每個人都認為自己的計畫應該是最優先的。	擬定新專案何時開始（以及何時不能開始）的規則。	在專案呈現多工作業的情況之下，決定整體產出的是彙整諸多專案任務的整合關鍵。整合出來的專案完成以後，再納入新的專案。	◎ 在不增加投入資源的情況下，大幅度縮短工時，組織整體產出大幅提升。
第三妙策法 E	不可能同時快速完成既有的專案與新的專案。	重要的不是何時開始，而是何時完成。如果把資源分散在多件專案上，會讓所有的專案產生遲延。	明確訂出專案目標、預期成果以及成功基準，包括在管理上訂出優先順序，擬定出工作排程。	◎ 比起何時開始，更重視何時結束，建立起目標導向的組織文化。

任感的研發人員來說，也會覺得一定要著手進行新專案不可。接下來，研發的第一線工作現場便會充斥著各種專案，在情勢嚴峻的時候，專案件數甚至比研發人員人數還要多。這會迫使「多工作業」的現象出現，也就是研發人員被迫同時肩負「多重任務」。

專案充滿不確定性，無法預知將來會出現什麼情況。而專案內容產生意料之外的修正，也是常有的事。有責任感的研發人員，對於自己被交付的任務，也想確實遵守專案期限。在不知何時會出狀況的不確定性之下，除了遵守研發完成期限，安全時間（safety margin）的重要性，更是自不待言。易言之，因為對遵守研發期限的責任感，預留安全時間是必要的。每個肩負研發任務的人，都希望嚴守自己的專案完成期限，也希望產品各個細節安全無虞。隨著專案件數的增加，研發人員肩負的任務也隨之增加，整體需要的安全時間也隨之增加。而且，管理上只要愈強調「責任感」，為了因應不確定性，重視安全時間也是一種人性的表現不是嗎？

不需要多解釋，執行專案的主角是「人」。然而，持續增加的工作分量，會讓人忙不過來，在呈現多工作業的狀態下，任務不太可能做得多好。如果真的以人為中心來考量現場作業的情形，就該盡可能專注於一個項目上，並且劃分優先順序，這樣的作法一定比較好，也才能快速地將所有任務逐一完成。

專案總伴隨著不確定性，為了負起責任，嚴守專案完成期限，確保安全時間是必要的[28]。然而，這會不會是一種錯誤假設呢？每個人基於責任感而預留安全時間，但這樣真的能遵守專案完成期限嗎？如果深入思考就會發現，因為每個人自身的責任感使然，自己會以局部最適的方針加速作業，結果反而可能導致組織整體產生，預留過多安全時間的現象。

如果將到目前為止所有任務的安全時間合併起來呢？如果考量到安全時間是責任感的一體兩面，將專案裡所有任務的責任感合而為一，就會加快從局部最適轉成整體最適的速度，團隊彼此間合作也會變得更好。

大家一起討論，潛藏在個別任務裡的安全時間，例如「工作完成機率五成」，在個別任務裡區分為「非安全時間」，以及等同於責任感的「安全時間」，再分成個別的任務，然後將安全時間的部分合併。

所謂「在專案完成期限內，完成機率五成」[29]的意義，反過來說，是指能夠完成的可能性是五〇%。四項個別的任務，也可能在五〇%的機率下全部完成。那麼，分別使用5日、3日、4日、6日作為之後安全時間的可能性，應該也是五〇%。所以等於將（5日＋3日＋4日＋6日）×五〇%，安全時間只要九日就已經很充足了。

圖 43 同時實現加速團隊合作及縮短專案期限的目標

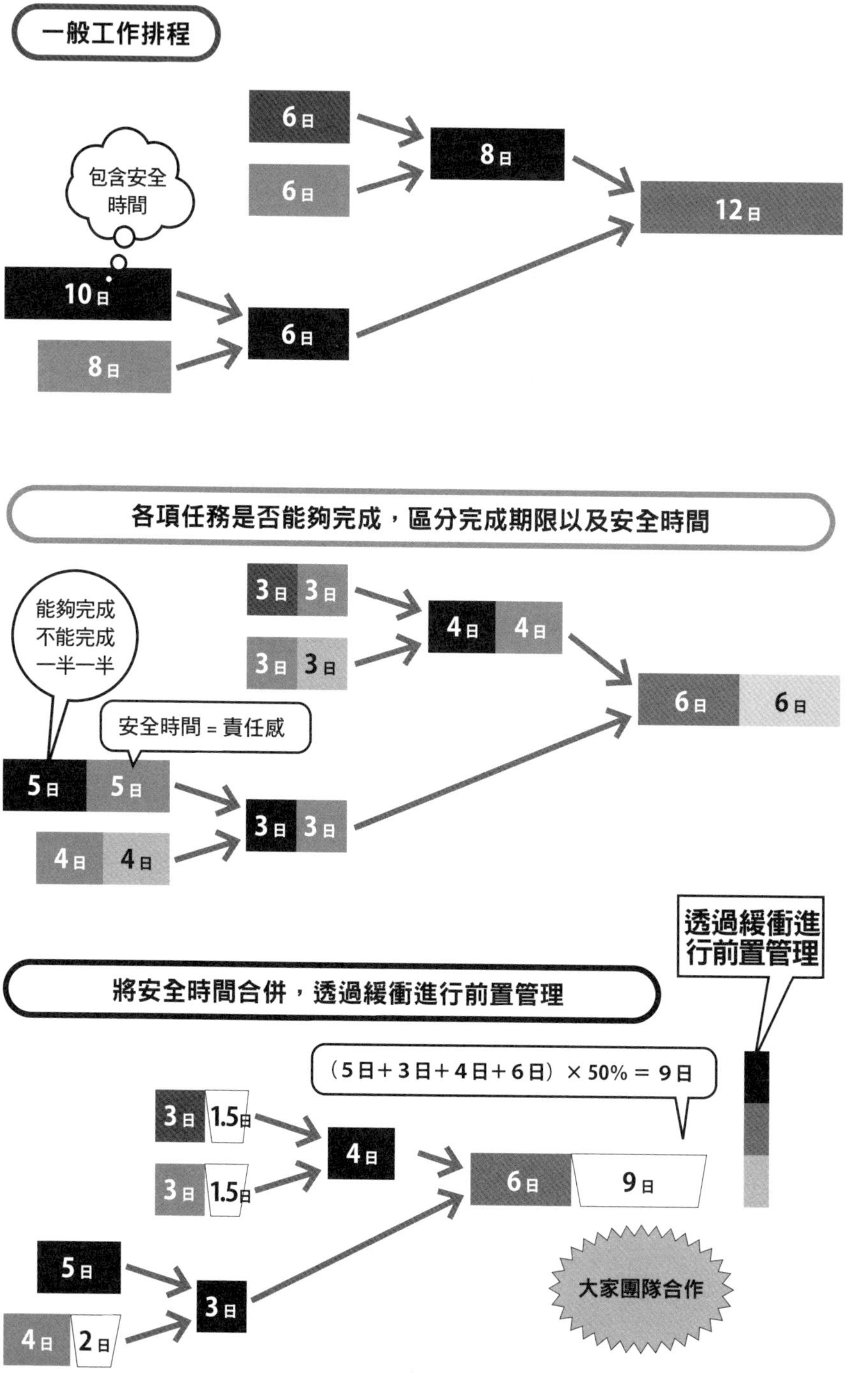

如此一來，相較於最初的專案完成期限，實際上縮短了四分之三，等於總共縮短了二五%。不只如此，合併安全時間以後，專案團隊裡的每個人責任感變得很一致，有助於發揮團隊精神。然後，如同以安全時間減少狀態作為緩衝的信號，使用黑、灰、淺灰作為注意標示，可以在期限延遲信號出現以前，進行前置作業管理。

透過圖42的「尊他、重己、時宜、妙策」檢視問題，我想應該會激發出許多新想法，了解何謂TOC理論的專案管理方法——關鍵鏈（Critical Chain Project Management, CCPM）。關鍵鏈的概念，希望讀者可以參考高德拉特博士的著作《關鍵鏈》，以及拙著《管理改革的工作時程表》。

3 製造部門的撥雲見日圖

這裡要接著探討製造部門的撥雲見日圖。「維持庫存」、「不維持庫存」是製造作業工作場合產生問題的頭痛根源。

今天連一般零售業界的競爭，也開始變得激烈起來。價格競爭十分凶猛，不僅是地理位置相近的店鋪流血殺價競爭，透過無店鋪、低成本的網路通路，作為零售武器的企業也逐漸增加，競爭環境日益激烈。消費者的需求則愈來愈多樣化，為了因應消費者的

圖 44 用「尊他、重己、時宜、妙策」方法剖析製造部門的撥雲見日圖

①尊重對方需求法

- 為什麼認為進行項目 D'，就不能滿足項目 B？
- 難道真的找不出進行項目 D'，也可以滿足項目 B 的方法嗎？

③時地制宜法

- 項目 D 和項目 D' 在什麼情況下會產生對立？
- 難道找不出項目 D 和項目 D' 可以一起進行的條件嗎？

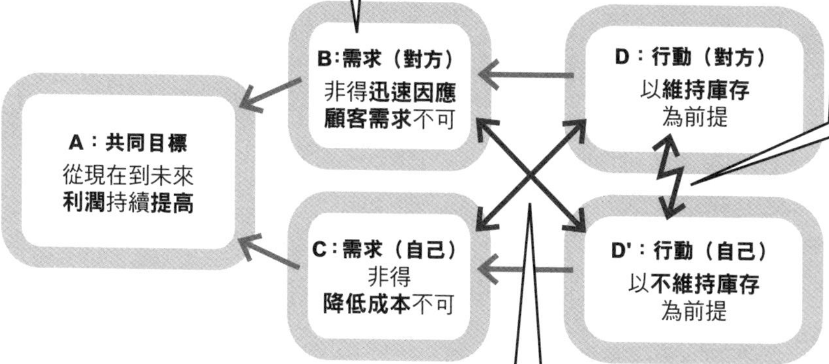

A：共同目標
從現在到未來
利潤持續提高
B：需求（對方）
非得迅速因應
顧客需求不可
C：需求（自己）
非得
降低成本不可
D：行動（對方）
以維持庫存
為前提
D'：行動（自己）
以不維持庫存
為前提

②尊重自己需求法

- 為什麼認為進行項目 D，就不能滿足項目 C？
- 難道真的找不出進行項目 D，同時也滿足項目 C 的方法嗎？

④第三妙策法

- 為何認為項目 B 與項目 C 不能同時滿足？
- 難道真的找不出同時滿足項目 B 與項目 C 的方法嗎？

箭號	假設	解決對策	如何執行	好處
尊重對方需求法 D'-B	因為前置時間長，如果不維持庫存的話，無法迅速因應市場需求。	大幅縮短前置時間。	引進「鼓—緩衝—繩」排程法（DBR），大幅縮短前置時間。	◎讓批量（lot-size）變小，即可在短期間內，大幅減少生產過程中的庫存，並可縮短前置時間。
尊重自己需求法 D-C	維持庫存會增加成本負擔。	不僅是工廠，也必須檢討整體供應鏈的適當庫存量。	運用 TOC 理論的供應鏈邏輯，維持整體最適的庫存。	◎在包括店面、通路的整體供應鏈當中，減少庫存以後，現金流量便會增加。
時地制宜法 D-D'	為了縮短前置時間，盡早投入資源是必要的。	屬於製造瓶頸部分的，必須維持庫存，非瓶頸部分則不用維持庫存。	確定瓶頸以後，為了保護它，因此必須有緩衝機制。資源的投入應該只針對瓶頸部分。	◎即使將資源胡亂投入與瓶頸無關的部分，也只是吞噬了瓶頸部分珍貴的產能，反倒可以防止交貨遲延的現象。
第三妙策法 E	為因應客戶的要求，所需的前置時間將導致製造上產生困難。	大幅縮短前置時間，在供應鏈上維持最少的庫存量。	在運用「鼓—緩衝—繩」排程法（DBR）大幅減少前置時間的同時，運用 TOC 理論的供應鏈原理，維持適當的庫存量，只補充熱賣商品的貨源，防止沒有庫存的現象出現。	◎一邊大幅縮減前置時間，一邊大幅減少生產過程的庫存量及供應鏈的庫存量，如此可以降低產品瑕疵率，並提高準時交貨率。

需求，必須在有限的展示空間裡，擺放多樣化的產品。如果消費者找不到需要的產品，便會毫不留情轉向其他競爭對手購買。

另一方面，彷彿雪上加霜似的，產品生命週期也接著縮短。當銷售量受到季節性及氣候左右，熱賣產品銷售量大增，此時如果店鋪缺貨，就會喪失得來不易的銷售良機。另一方面，賣相很差的產品，因為總是賣不出去，在季末或年度財報結算的時候，通常就會被拋售出去。此外，如果有新產品推出，舊產品便會呈現過氣的現象，價格也會隨之暴跌。

在如此激烈的競爭當中，熱賣產品非常珍貴，如果這種產品缺貨的話，對於店鋪而言將是致命一擊。由於熱賣產品的銷售量非常大，即使製造部門全力趕製，依然會呈現供不應求的狀態。不論是零售店鋪、通路商，或是製造部門的業務人員，都會全力催促，因此生產部門只能拚命因應[30]。

至於無法趕上交貨期限、生產數量不足。對於這些現象，只能透過大規模投資生產線來因應。然而，到了生產線足以應付市場期待的某日，「產品生命週期短暫」的殘酷事實，又會毫不留情襲向產品製造的相關人員。其他競爭對手公司的新產品、環境變動等，基於種種原因，熱賣產品某天突然賣不出去了；結果原本賣到缺貨的產品，這次卻成了生產過剩的庫存，成為讓人頭痛的原因[31]。

「維持庫存」、「不維持庫存」的爭議，向來糾纏不清。維持庫存，原是為迅速因應客戶需求。不過，我們絕對不能讓庫存產品不斷增加。因為庫存增加，會使得成本負擔提高。「維持庫存導致成本負擔增加」，是個徹底的假設。但這個假設是正確的嗎？從整條供應鏈來看，可以置放庫存的場所，包括店面產品陳列架的庫存，店鋪備貨暫存倉庫的

圖 45　「維持庫存」與「不維持庫存」的對立與衝突

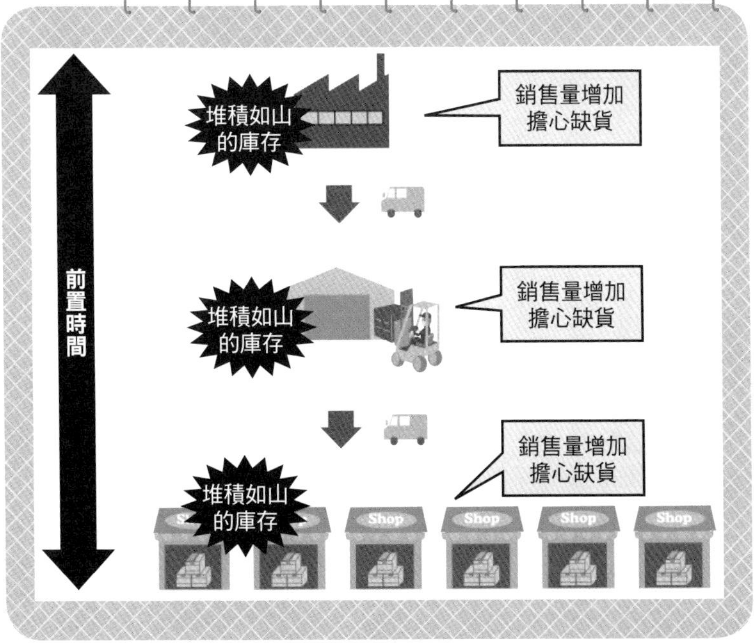

商的業務人員也向工廠請求，「這是熱賣產品，慎重起見，請繼續趕工製造」；就連負責工廠生產的人員也認為，「這是熱賣產品，慎重起見，還是繼續趕工製造」……。這種結構性問題，屬於整體最適，還是局部最適[32]？所有供應鏈上的關係人，「為了慎重起見」，心裡頭想著：「好吧！」於是陷入無論如何都要有庫存，以設立緩衝機制的想法。而且，在零售店鋪方面，也不以店面有熱賣產品為滿足，如果產品數量僅足以擺在架上，但是庫存不足，這會讓客戶不想再踏進店裡。所以，真正的想法是，不僅店面架上不能缺貨，倉庫的存量也必須非常充足。

TOC理論的供應鏈，考量的是整條供應鏈有沒有達到整體最適。首先，先思考讓供應鏈裡的每個人，都不須妥協的解決對策。店鋪方面的期望很簡單，就是熱賣產品不要缺貨，庫存量要充足。所以只要讓店鋪擁有最小需求限度的庫存量即可；如果不希望出現缺貨的情況，只要能確實補貨就可以了。不過，確實補貨也需要耗費時間和功夫，最重要的是，不知道庫存量得備貨多少才足以補貨。所以，應該按照每個店鋪的預估需求量下訂單。可是每家店鋪的預估需求量，差異很大，即使大規模投資建置系統預測訂單數量，也難以準確預測。再者，如果店鋪的數量又增加了呢？假設店鋪從六家增為十家，預估的誤差值會變大還是變小？若從誤差值的角度來看，當然會變小。如果店鋪的庫存、運送途中的庫存、流通倉庫的庫存、工廠倉庫的庫存、生產裝置的庫存等，這些都是整條供應鏈可能有庫存的場所。

如上述的例子，試著思考熱賣產品的情況看看，店家不會願意喪失任何銷售的良機，所以會認為，「這是熱賣產品，慎重起見，下訂單時還是多訂一些好了」；通路商接到許多店鋪的要求，認為「這是熱賣產品，慎重起見，還是多放一些存貨比較好」；製造

圖 46　消除「維持庫存」與「不維持庫存」的對立與衝突

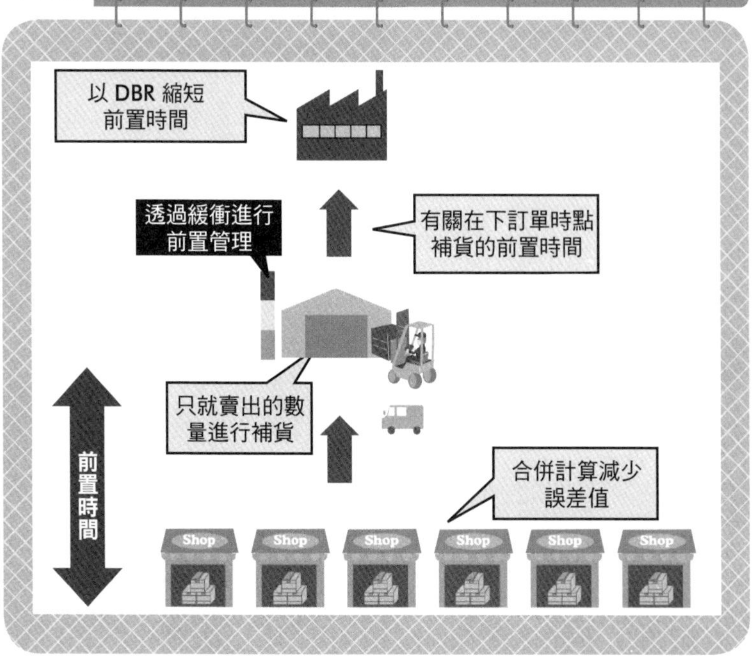

數量又增加了呢？假設店鋪從三家增為十家呢？隨著店鋪的數量增加，誤差值一定會變小。在數學上，只要店鋪的數量愈多，誤差值就一定愈小。如果能讓許多店鋪同時提出訂貨要求，便能掌握整體庫存量，這時應該就能輕易訂出適當的庫存量，以便管理。

現實的經營情況，經常出乎人意料之外，如果體認到這一點，就該知道不能以臆測的方式做庫存管理。雖然產品特色各有不同，但哪些產品具有賣相，只要擺在店面兩、三星期就很清楚了。如此一來，為維持最初第一個月的庫存量，各店鋪只須針對銷售量確實補貨，則店面庫存在最小需求限度之下，缺貨機率就很低。將庫存量合併計算，很容易就能夠掌握，並從確實觀察庫存量的消長，進行補貨。而且，從庫存量減少的速度，也可以立刻得知產品銷售的情形，據此向上游工廠下單製造新品。

向工廠下訂單的時機，可以配合工廠製造的前置時間來決定[33]。在前置時間方面，如同上述的五項聚焦步驟討論的，如果可以縮短交貨期限，便能減少倉庫的庫存量。庫存量視店鋪的銷售情況，迅速進行調整，如此一來，供應鏈的整體庫存量，自然會呈現減少的狀態[34]。

這時，前置時間也會急遽縮短。以往前置時間包括，從工廠生產到零售店鋪之間的流通與運送，如今只耗費從中央倉庫到店鋪之間運送的前置時間，所需時間因而急遽縮短。

這樣做在整條供應鏈的財務面上，產生巨大的效果。店鋪不再需要存放多餘的庫存，資金調度因此變得十分靈活。當然，在物流方面也具備相同的效果。同樣地，工廠無須製造多餘的產品，只須製造販賣所需要的數量，而且也不需要採買多餘的零件及材料。總言之，整條供應鏈將迅速產生多餘的資金。

關於「鼓—緩衝—繩」排程法（DBR），讀者可以參考高德拉特博士的著作《目標》（*The Goal*）；有關供應鏈的部分，則可以參考《絕不是靠運氣》（*IT'S NOT LUCK*）。

4 營業部門的撥雲見日圖

接下來要探討的是營業部門的撥雲見日圖。第三妙策法中，「基於客戶的立場，思考出如何貢獻利益的方法」的作法，將運用本書介紹的思考流程。換句話說，必須基於客戶立場運用思考流程，設身處地為客戶解決問題。

舉例來說，你販售的產品，是某電機產品所使用的零件。你平日就必須面對激烈的價格競爭、產品多樣少量的需求、產品生命週期短暫、因為缺貨而喪失銷售的機會、產品熱賣導致各方催貨、庫存期間太長、無視預估成本的低價銷售等疑難雜症，以上這些

圖 47　用「尊他、重己、時宜、妙策」方法剖析營業部門的撥雲見日圖

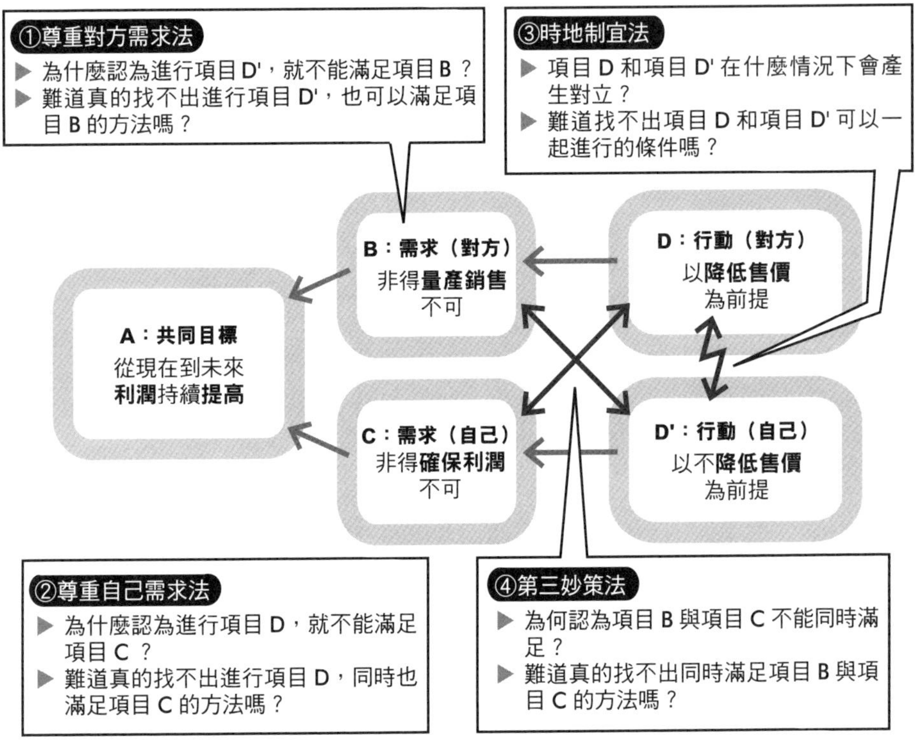
①尊重對方需求法
▶ 為什麼認為進行項目 D'，就不能滿足項目 B？
▶ 難道真的找不出進行項目 D'，也可以滿足項目 B 的方法嗎？
③時地制宜法
▶ 項目 D 和項目 D' 在什麼情況下會產生對立？
▶ 難道找不出項目 D 和項目 D' 可以一起進行的條件嗎？
B：需求（對方）
非得量產銷售不可
D：行動（對方）
以降低售價為前提
A：共同目標
從現在到未來利潤持續提高
C：需求（自己）
非得確保利潤不可
D'：行動（自己）
以不降低售價為前提
②尊重自己需求法
▶ 為什麼認為進行項目 D，就不能滿足項目 C？
▶ 難道真的找不出進行項目 D，同時也滿足項目 C 的方法嗎？
④第三妙策法
▶ 為何認為項目 B 與項目 C 不能同時滿足？
▶ 難道真的找不出同時滿足項目 B 與項目 C 的方法嗎？

箭號	假設	解決對策	如何執行	好處
尊重對方需求法 D'-B	為了對抗競爭，如果不降低售價的話，無法大量銷售。	研發對客戶附加高的產品。	研發、製造、行銷部門同心協力，開發出對客戶附加價值高的產品。	◎ 提高客戶的利益，同時也確保自己的獲利率。
尊重自己需求法 D-C	降低售價的話，商品利潤將減少。	與其他商品搭配銷售，以確保商品利潤。	搭配具有相乘效果的商品，設定價格戰裡的售價。	◎ 即使進行價格戰，也能確保商品利潤。
時地制宜法 D-D'	當競爭日益激烈，導致價格戰發生時，D 與 D' 將產生對立。	使用讓客戶理解商品價值的方法，至於對只重視價格的客戶，提出以價格取勝的新商品。	研發、製造、行銷同心協力，開發出用於價格戰的商品。	◎ 即使進行價格戰，也可以確保利潤。
第三妙策法 E	沒有既能確保獲利率，又能賣出大量商品的方法。	採取顧客價值取向的銷售方式。	站在顧客的立場，思考對顧客利益有所貢獻的方法。	◎ 提升顧客利益的同時，也讓自己公司的獲利率提高。

或許也是你客戶的問題。

透過圖42，研發部門已可運用壓倒性的研發速度，支援客戶公司的研發需求。客戶在激烈的市場競爭中，非得在極短的時間內[35]，不斷研發出新產品不可。對於客戶的要求，必須及早因應。在激烈的市場競爭中，對客戶最重要的就是「速度」。如果能比其他競爭對手更快將產品推入市場，該產品的銷售量就會上揚，至少會比其他競爭對手賣得更好。此外，對於其他競爭對手造成的損害也很大，不但既有的產品生命週期更短，獲利率也會下降。所以研發速度具有重大的意義。

你的零件，或許只是區區幾十日圓的零件；但是，你公司客戶使用這零件的產品，大約五萬日圓左右。如果那產品一個月可以賣一萬台，那就是五億日圓的買賣了。你的客戶，在戰況熾烈的市場競爭中搏鬥，只要區區數十日圓的零件交貨延遲，就會影響到五億日圓的重大買賣。

零件交貨迅速，因應市場變化的速度又快，應該是客戶亟欲渴求的。透過關鍵鏈得到的研發速度，可作為提供客戶所需的利器。「時間就是金錢。」如果研發速度其他公司無法比擬，即使價格稍微昂貴一點，客戶為了自己的研發速度著想，應該也會考慮先購買再說。而且，在你的研發速度支援下，讓顧客能領先其他競爭對手，產品能夠早日上市，雖然只是區區數十日圓的零件，卻對數億日圓的營業額貢獻良多，真可謂價值連城。

當客戶採用你的零件用於研發試驗產品時，在產品研發完成後被用來量產的可能性極高，原因在於，在功能與特性上，你的零件是該研發產品的基礎。也就是說，對你的客戶而言，若是在正式量產時換成其他公司的零件，可能必須冒極大的風險。如果你可以運用領先其他公司的研發能力為武器，只要客戶的產品大賣，就等於你的零件也跟著大賣。

到了量產階段以後，工廠可以運用前述的五項聚焦步驟，讓前置時間大幅縮短，配合客戶要求的速度。接著，如同在供應鏈討論過的，讓客戶公司即使幾乎沒有庫存也不至於缺貨，並在必要的範圍內，迅速提供客戶所需要的量。而且，在客戶與你的公司往來的時候，因為補貨的前置時間短，客戶也不必堆放不必要的庫存品，又讓客戶多出多餘的資金可供運用。這些整體性優點，全都是站在客戶的立場著想，把說明所有優點的資料整理好以後，你就可以向客戶提案。因為客戶能獲得很大的利益，或許你公司的市占率也可能大幅提高。最後，從研發到製造，對你的客戶而言，你公司將是不可欠缺的事業夥伴。

以上的解決對策，是自己設身處地以客戶的立場思考。「站在對方的立場」[36]這句話，你應該經常在各種情境中聽到過，很多時候它不過是句精神口號。然而，透過上述一連串的思考流程，證明這在邏輯上確實可行。

站在對方立場運用思考流程，即可發揮超乎想像的效果[37]。如果客戶有不了解的地方，你可以將評估報告拿給客戶看。如此一來，客戶對於你誠摯地想替他們解決問題的態度，應該會感到詫異不已；若是出現不對的地方，就立刻修正，這樣做往往能激發出許多想法。原因在於，客戶本身也想解決那樣的問題，因此也會全力協助。不知不覺間，客戶就會與你一起討論如何解決問題。在雙方的討論中，你與客戶便可以自然地發揮團隊合作的精神，找出客戶先前未曾察覺的問題，並時常找出解決問題的突破關鍵[38]。最後，你就和客戶建立起堅強的信賴關係。

5 找出所有撥雲見日圖的關聯性

找出四個撥雲見日圖的關聯性後，若能逐一化解核心衝突，所有烏雲都將會如發生骨牌效應似的，消散無蹤[39]。從撥雲見日圖推演而出的主要對策，記載在圖48上。

從圖48的四個撥雲見日圖推演而出的想法，應該都是極為有效的解決對策。然而，運用上述方法，將創造出怎樣的未來？是否值得實行？而在進行之後，是否會帶來負面影響？這些都必須事先檢驗。

圖 48 如同發生骨牌效應似的，烏雲頓時消散

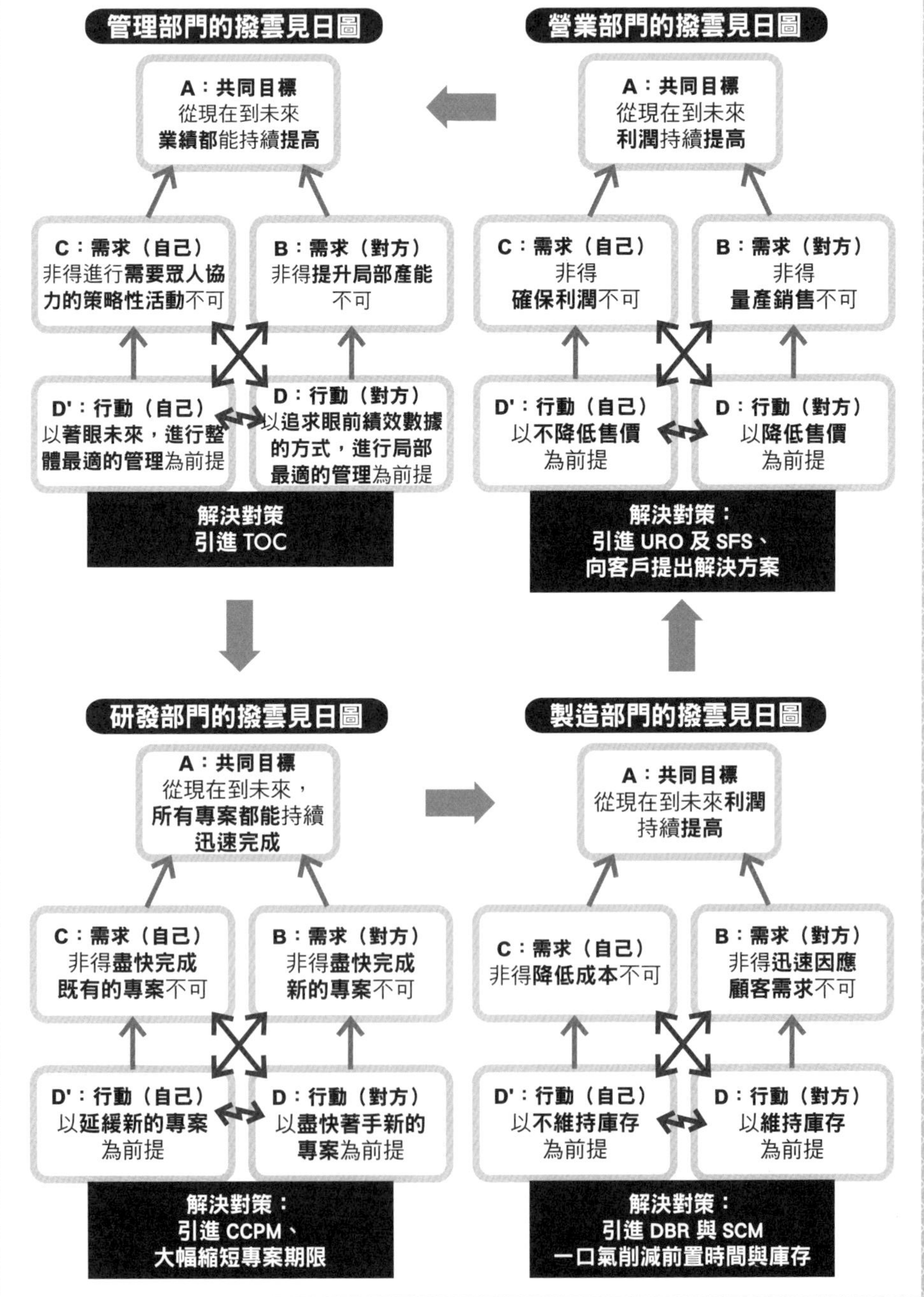

管理部門的撥雲見日圖
A：共同目標 從現在到未來業績都能持續提高
C：需求（自己）非得進行需要眾人協力的策略性活動不可
B：需求（對方）非得提升局部產能不可
D'：行動（自己）以著眼未來，進行整體最適的管理為前提
D：行動（對方）以追求眼前績效數據的方式，進行局部最適的管理為前提
解決對策 引進 TOC
營業部門的撥雲見日圖
A：共同目標 從現在到未來利潤持續提高
C：需求（自己）非得確保利潤不可
B：需求（對方）非得量產銷售不可
D'：行動（自己）以不降低售價為前提
D：行動（對方）以降低售價為前提
解決對策：引進 URO 及 SFS、向客戶提出解決方案
研發部門的撥雲見日圖
A：共同目標 從現在到未來，所有專案都能持續迅速完成
C：需求（自己）非得盡快完成既有的專案不可
B：需求（對方）非得盡快完成新的專案不可
D'：行動（自己）以延緩新的專案為前提
D：行動（對方）以盡快著手新的專案為前提
解決對策：引進 CCPM、大幅縮短專案期限
製造部門的撥雲見日圖
A：共同目標 從現在到未來利潤持續提高
C：需求（自己）非得降低成本不可
B：需求（對方）非得迅速因應顧客需求不可
D'：行動（自己）以不維持庫存為前提
D：行動（對方）以維持庫存為前提
解決對策：引進 DBR 與 SCM 一口氣削減前置時間與庫存

1　我想讀者一定會有疑問，為什麼要選擇三個？其實我也有相同的質疑。我問過開發出這個方法的高德拉特博士，他說，因為只要三個，就可以充分了解核心問題所在。當然，選得愈多一定會更好，可是即使把三個增加為四個，得到的結果也不會改變；如果增加到五個，甚至說得極端一點，把全部問題都畫成撥雲見日圖，得到的結果也依然不會改變。實際上，在三個撥雲見日圖開發出來以前，思考流程的教育要耗費一個月以上。雖然如此，找出核心問題非常重要，但是往往效果不佳。高德拉特士開發三個撥雲見日圖法的目的，便是為了快速找出核心的對立與衝突。如果出現問題，一定是愈快解決愈好。開發三個撥雲見日圖，非常具有物理學者的現實主義思考風格。

2　價格會直接影響單位獲利率；就固定銷售量而言，定價較高時，平均單位獲利率亦較高。然而，高定價往往意味著銷售量下降，這會相對抵銷獲利。此外，價格也會影響成本。例如，低價策略所創造的高銷售量，可能會因為規模經濟或學習曲線之故，而降低單位成本，但有時也會抵銷利潤。

3　如果覺得，歸納成撥雲見日圖之後難以理解，那麼就調整各個項目中的文字，如此一來，就會比較容易理解。

4　「眾人」、「一起」之類的詞彙，是我們日常用語中最具「整體最適」精神的詞彙。如果將它認為是精神口號，那就有問題了。它是一種自然，而且不勉強就可以輕易做到的方法，也就是高德拉特博士創造出來的TOC理論方法。

5 心裡當然是想追求整體最適，可是身體卻被迫採取局部最適的管理方式，讓自己陷入一種身心分離的狀態。這種衝突正是把人逼得精神緊繃的元凶，不是嗎？

6 開發出解決方法的高德拉特博士，正是一位物理學者。在物理學上視為理所當然的因果關係邏輯，自然也可以使用在人類活動相互間的關聯性上。高德拉特博士曾在公開場合不諱言表示，TOC理論中，有許多方法從大野耐一的《豐田生產方式》（日文版：鑽石社）得到啟發，「大野耐一是我的偶像，我是大野耐一的徒弟。」大野耐一強調的「反問自己五次為什麼」，也是一種注重因果關係的方法。高德拉特博士感嘆，世界上有許多人只注意到JIT（及時生產方式）等表面的解決對策，運用時顯得非常盲目，他說：「重要的是大野耐一的思考方式本身，大家應該把焦點放這上面。大野先生在豐田公司偶爾會親自掌控生產現場，所以才可以創造出JIT解決對策。如果大野耐一是待在不同的公司，處於不同的生產環境之下，他也會活用思考方法，擬訂出迥然不同的解決對策。如果大野耐一見到，世人大多沒有深刻體會他的思考方法，而是著重表面的解決對策，應該會搖頭嘆氣吧。」（及時生產方式是一種倉儲管理策略，主要觀念在於消除浪費。採取及時製造、及時採購、及時供應的方式。主要有三大優點：一、零庫存；二、最大節約。避免產品積壓、過時變質，也避免裝卸、搬運，以及庫存等費用；三、零不良品。限制不良品流動所造成的損失，不良品能停留在供應方，但不可能配送給客戶。）

7 如果用圖來表示，字就不能寫得太多，否則會顯得太囉唆。然而，每次只要出現不好的現象，讓人吃驚的是，箭號一定會連向「工作動機低落」的項目。因為見到不好的現象時，大喊「怎麼可能會這樣！」「怎麼可能會這樣！」是人之常情，結果就猶如在傷口灑鹽似的，工作動機越來越低落。然而，在日本，人們還是會勉力維持自己的工作動機，努力繼續工作。日本人工作的現場，真是個了不起的地方。

8 大野耐一十分強調「生產線一貫流程」的重要性。以《豐田生產方式》一書為首，每次閱讀大野耐一的著作與演講錄，都可以從中得到許多啟發。最令人訝異的是，這本書雖然已經是幾十年前的著作，但至今讀來還是覺得非常有見地。

9 我原本想，即使一個人做也不至於很辛苦，但是在一開始接受訓練的那一天，這種使用腦力的作業，讓我感到頭痛。可是，變成好幾個人一起做以後，突然間就感到非常輕鬆。我也曾經思考過為什麼，簡單來說，大概是因為如果要將問題結構一一建立，由我一個人思考，總覺得思考的人不夠多，也就是「腦力不足」。思考問題的人腦數量如能增加，「腦力不足」的狀態就會消除，畫現況樹的過程，自然也會變得很輕鬆。這讓我深感：「三個臭皮匠，勝過一個諸葛亮。」原因在於，如果有許多人集思廣益，對於問題關聯性的想法，就會紛紛出籠。因此，如果感到畫現況樹的過程很辛苦，為了擺脫「腦力不足」的窘境，請誰來幫忙好。尤其是對不清楚問題狀況的人說明現況，就非得將複雜的問題簡單化、使用簡單易懂的表達方式不可，此效果通常會不錯。

10 念出聲音是讓別人共同參與的好方法性。希望大家可以用客觀角度重新思考關聯性。

11 「深入了解問題，等同於解決問題」，這是優秀的前輩們所說的話。他們在腦海裡建立問題的結構後，找出其間的關聯性，直覺地了解如何阻止骨牌效應發生。高德拉特博士說，其實幾乎有問題，都是從對於現實的理解開始著手，對現實的理解極為重要，自不待言。前述所提的商務洽談、站在對方的立場等，不少人認為只是精神口號。可是，那些方法都是在邏輯上可以執行的方法。在每天的實踐當中，我總是感覺到，或許奮戰的對象並不是對方，而是自己先入為主的觀念。

12 反過來說，如果只處理表面問題，只使用「對症療法」，一向無法解決關鍵問題，反而讓問題更加惡化，基於錯誤假設開出的處方箋，通常也會引起反效果。

13 使用案例研究的形式，是企圖透過專題討論的方式，讓讀者可以快速了解TOC理論。讀者可運用前面介紹的TOC理論各種方法，透過思考流程導出合邏輯的解決對策。

14 為了不陷入局部最適觀點的決策方式，經常會以整體最適觀點做出決策，因此就研發出以TOC理論為基礎的「產出成本會計」（TA）。關於產出成本會計，可參閱高德拉特博士的著作《別被高德拉特博士的成本所束縛！》（*The Haystack Syndrome: Sifting Information Out of the Data Ocean*），以及湯瑪斯．考伯特（Thomas Corbett）的《TOC產出成本會計》（*Throughput Accounting: TOC's management*）。

15 也譯作「五個專注步驟」。

16 限制理論主張，凡是阻礙組織達到較高績效的瓶頸，均稱為「限制」。

17 應該有人覺得，這是理所當然的吧。可是，請試著思考實際情況看看。如果你是生產線現場的監工，你該怎麼做？要對那個一小時內製造出二十個產品的作業員說：「不用做那麼多，多做也是浪費，所以做一半就好。」是這樣嗎？如果是這樣，其他做超過十個的人，多做出來的產品也是浪費嗎？其他四名作業員，也只要生產十個就好了？還是說，讓五名作業員互相競爭，拚命工作，提高每個人的生產效率？然後，因為每個人都拚命工作，開始這種生產方式之後，只會讓庫存不斷增加。那些感覺理所當然的事，等實際到了生產現場以後，常常不是理所當然就能夠實行，這就是所謂的現實。

18 舉例來說，例如改採人員輪班方式，讓機器在原本作業員休息的時間也可以運轉，或是在夜間進行機器的養護維修工作等，我希望讀者也能想出，其他充分利用限制的方法。

19 大野耐一在演講錄音《製造的真髓》（日本經營合理化協會）曾經提到，雖然生產量達到目標量的一一〇%，有時會令人很高興，可是生產目標是預定的數量，在這一層意義之下，超過生產計畫的預定數量，無異是一種浪費。

20 這是大野耐一在《豐田生產方式》書中，「看板」管理的思考模式。在演講錄音裡，他一邊苦笑一邊說：「取名為『看板』，原本用意是不希望外國人能輕易了解，可是，因為這樣，反倒使豐田集團企業也不能體會它的真意。」（所謂的看板管理是指，為了達到及時生產（JIT）方式，控制現場生產流程的工具。在看板標示系統中，常將塑料或紙製成薄板，將產品名稱及數量書寫其上，故而得名。其目的在於，徹底避免無謂的浪費，以零庫存作為原則，只採購或生產必要的零件或材料。）

21 高德拉特學院院長斯拉根海默（Eli Schragenheim）曾經說過，第三步驟「配合限制」是最重要的策略性步驟。的確，這個步驟確實是採取整體最適管理方法，與局部最適管理方法的分水嶺。

22 關於前置時間大幅縮短的成效，有許多研究報告可供參考，請讀者自行上網檢索相關資料。

23 現在，假設有一家產值為一百億日圓的工廠。若前置時間縮減二五%，則可以七五%的力氣，達成一百億日圓產值的目標。其結果，導致有二五%隱藏的能力可以釋放出來運用，在增加投資以後，或許就能創造出一百三十三億日圓的產值（100÷75%＝133.333……）。上述是否對企業整體收益有所貢獻，我想非常明顯。

24 我們經常可以聽到「肌肉經營」（無贅肉經營）的說法，但這並非只是精神口號，而是具有邏輯性的方法之一。企業若要健全成長，而非病態成長，非得區分出組織內部的肌肉、脂肪與癌細胞不可。（P.F.Drucker，《混亂氣流時代之經營》，鑽石社）換句話說，人類完全不需要贅肉，想要健全成長，必須只留下肌肉。京瓷創辦人稻盛和夫，也經常使用「肌肉經營」這個詞彙。

25 以生產線為例，在說明五項聚焦步驟之後，我想很多人會想起「鼓─緩衝─繩」（Drum-Buffer-Rope,DBR）排程法的本質：Drum代表鼓聲，就如同一個軍隊的小鼓，可使得行進整齊；Buffer就如同兩個士兵中間的距離，可以利用它來應付突發的情形；Rope代表的是軍隊中的紀律，可以確定行進步伐如同鼓聲一樣。瓶頸生產的排程，稱之為鼓，意思是指，製造部門的生產節奏；繩則是用來作為控制物料發放時機、及速度之用。DBR正是由五項聚焦步驟創造出來，可據以實行的限制理論方法。

26 高德拉特博士建議，別讓限制四處飄移，讓原來的限制位在同樣的地方。他最近提到：「如果提高原本限制的能力以後，限制就會移轉到其他地方，與其又著手處理下一個新的限制，倒不如提高那些未來有可能會成為限制的部分的能力，設法讓限制位於同樣的地方。然後，充分利用以前的惰性，提升改善的速度就可以了。」他將此取名為「Progressive Equilibrium」（漸進式平衡），意思是順利地維持相同狀態，順著階段，充分運用惰性，加速事業發展，讓它持續興盛。其實，這個概念就是本書最後要介紹的「Ever Flourishing Compnay」，為了實現「企業持續興盛」的目標，我們必須以「策略與戰術樹」的邏輯為基礎。

27 我總覺得，「協調」一詞非常優雅。「調」是指音樂演奏，經常「調」就能維持「和」。即使熱切地去糾正、改善每個問題，如果整體失衡，反而會讓問題更為惡化。這是因為沒有考慮到，個體與整體之間的調和。我暗自發誓，要將「協調」一詞徹底銘記在心，並且據之當作行為的準則。

28 在這裡提出一個問題。假使你現在打算去機場接朋友，到機場時間只要一個小時就很足夠了。那麼你應該提早多少時間出發呢？在一個小時前出發，或許就來得及了。那麼，接下來的情形，你又會怎麼做呢？你代表公司去機場接機，對方是公司的ＶＩＰ級大客戶。在這種情況下，你應該提早多少時間出發呢？距離機場路程只要一個小時就足夠了。可是，萬一遲到，事情就糟糕了。屆時不只光是自己必須負責而已，公司也必須為此付出代價。為了慎重起見，非得預留多一些時間不可。為了預留更多的時間，或許可以考慮提早兩小時出發。去機場接朋友，明明只要提前一個小時就好，為何接重量級客戶，就非得提早兩個小時出發不可？因為你是個敷衍了事的人？應該不是吧。應該說，因為要負起不能遲到的責任，基於慎重起見，才預留更多時間。在充滿了不確定的情況下，為了負起責任，預留安全時間有其必要。

29 在先前的多工作業狀態中，為了現場工作的進展，預估時間會拉長；可是，如果考慮到現場的效率，安全時間合併以後，研發作業的品質自然會提高，工作當然也會進展得很順利。

30 在各方催促不斷的情況下，呈現混亂狀態的工作現場，不但品質常出現瑕疵，而且出貨也常常出問題，結果讓狀況更加混亂，而且趕在月底集中生產，更會讓亂象加劇。

31 這種庫存過剩的骨牌效應，是製造業者的宿命。由於製造廠商被各方催貨，因此協助提供材料與零件的業者，也會遭受催貨現象的波及。到了某天，催貨情況突然消失，然後就會接到大量退貨的要求……。我在零件業任職二十餘年，已經不知道碰到幾次這種令人欲哭無淚的情況。

32 這是我個人的經驗。世界各地對某電機產品零件的需求量，曾經一口氣達到，我所服務的公司實際產量的三倍之多。那時候，恐怕其他競爭對手公司的接單狀況也是一樣，甚至也許當時訂單的數量，超過市場規模十倍也說不定。如果認真思考，任誰都會覺得，這種現象很詭異，但客戶正式下訂單卻也是事實。身為業者，面對「確實從客戶那裡拿到訂單，卻認為這樣下去很危險，於是拒絕接單」的情形，真有業者能辦得到嗎？當時的我，也認為只能拚命砸錢下去投資了。當時的我，如果懂得TOC理論，或許就會有什麼不一樣了……到現在我還一直這麼想。

33 在這個時點，生產線只製造供應銷售的部分，亦即和市場同步，不是按照工廠裡的限制投入資源，而是針對市場銷售部分投入資源，因此可以使用更簡單的排程方法，也就是「簡易鼓—緩衝—繩排程法」（Simple-Drum-Buffer Rope），簡稱S—DBR。S—DBR在有效產出程度、顧客滿意度、焦點，以及前置時間等，在處理上有所不同。

34 從上述說明，我想讀者也察覺到了，相對於工廠的推式生產系統（Push System），拉式生產系統（Pull System）的思考方式比較自然，而且也符合大野耐一的思考模式。所謂推式生產系統是指，庫存應該置放在愈接近客戶的地方，如此就愈能在對的時間、地點，有對的產品滿足客戶需求；反之，讓庫存回溯源頭，置放在最有彈性的地方，根據供應鏈下游用掉的量，再向供應鏈的上游拉回多少量。

35 如果是每一季都必須有所變化的產品，一年四次，就相當於一項產品的開發期必須在三個月以內。而且，在這三個月期間，不知道有多少產品排隊等著研發，這就是實際情況。不僅如此，產品的生命週期，往往比產品研發期間來得短，這是非常悲哀的事實……

36 一般說來，營業部門的變革難度很高。因為業務活動是，以公司外的客戶為對象。換句話說，營業部門的變革，必須考量公司外部的因果關係。比起公司內部組織的變革，難度當然高了許多。況且，要迫使客戶改變自己的經營模式，更可謂難上加難。可是，如果讓客戶了解將來能夠獲利的現實，成功機率絕對很高。你可以探求客戶的真正需求，一併從先前的假設當中，找出錯誤假設，滿足客戶的真正需求，想出無須進行妥協行動的解決對策。只要持續進行這樣的訓練，自然而然就會被訓練成站在客戶的立場思考，培養出真正能解決客戶問題的強大業務能力。

37 在解決客戶的問題方面，其實你常常可以提出更有效的解決方案。你的客戶整天忙於業務，光是眼前的事情就已經忙得昏頭轉向，或許因此不想做任何改變。你的零件可能會被客戶用以對抗特定市場上的競爭；這意味著，其實你是最早、且最清楚整個業界的趨勢，這就是貴公司的強項所在。

38 使用這種方法擬訂的提案，因為太過出色，總是讓客戶難以拒絕，因此被稱之為無法拒絕的提案（UnRefusable Offer, URO）。進一步使用該提案作為教材，培養大量具有解決問題能力的銷售人才，這種方法稱之為「業務員解決方案」（Solution For Sales, SFS）。發展出ＳＦＳ方法的人，是高德拉特博士的兒子，拉米．高德拉特先生。他與博士一樣，是個令人驚訝的天才，是ＴＯＣ理論的後繼者。或許他小時候就接受了博士的英才教育，他最關心的是教育領域，他一直使用TOC的思考流程教育孩子。他對TOC理論的進化有非常卓著的貢獻，本書後面介紹的TOC理論最新方法「策略與戰術樹」，便是由他與高德拉特博士共同發展出來的。

39 撥雲見日圖的原文是「Evaporating Clouds」（蒸發的雲朵）。直到現在，我還是深深覺得這名取得實在太好了。

c h a p t e r

4 扭轉不良效應！

——改變現況創造未來的**未來構思法**——

想像未來光明的景象，對於「改變」是不可或缺的步驟。本章將介紹如何逆勢運用周遭的不良效應，創造光明的未來！

如能理解問題結構，便能逐步勾勒出光明的未來，照著這樣做，之前列舉的各種問題現象，便能在此時派上用場。換言之，只要能扭轉不良效應，逆勢靈活運用，真正的良好效應，自然會清楚地浮現。

創造良好效應

首先，我們可以將所有不良效應、或不樂見現象列出來，然後據此個別思考相對應的每一項良好效應為何。讓我們進入這樣的思考狀態，「若能將現況轉變成這樣就好了。」即便逐一列出的項目，與現況相去甚遠，但是在嘗試列舉的過程中，就足以使人躍躍欲試。請大家聚在一起討論，最後由某個人大聲宣讀。若能達成這樣的狀況就太棒了！當大家的表情轉為開朗，就可以邁入下一個步驟。

串連良好的效應

在現況樹中，不良效應逐漸成串出現。如果只是埋頭專注在討論問題，不僅讓人

圖 49　扭轉不良效應，思考良好效應

不良效應		良好效應
利潤無法提高	DE1	利潤逐漸提高
新產品的研發進度太慢	DE2	新產品的研發進度領先其他競爭對手
彼此無法互助合作	DE3	大家能夠攜手合作
開會次數與報告書過多	DE4	不會因會議和寫報告忙得暈頭轉向，工作也能有所進展
顧客滿意度下降	DE5	顧客滿意度上升
工作動機低落	DE6	工作動機高昂
競爭日益激烈	DE7	即便競爭日益激烈，也能持續脫穎而出
市占率降低	DE8	市占率逐漸提升
銷售量無法提高	DE9	銷售量逐漸提高
營業力下降	DE10	營業力提升
產品力下降	DE11	產品力提升
無法阻止產品價格下跌	DE12	產品價格不會下跌
庫存過剩	DE13	庫存大幅減少
研發計畫過多	DE14	研發計畫多也沒有問題
生產成本無法降低	DE15	削減成本順利進行，利潤逐漸提高
交貨延遲	DE16	幾乎沒有交貨延遲的情況

心情鬱悶，或許也會變成一項讓人頭疼的苦差事。這次的作業，換成將先前列舉的各種良好效應串連起來。老實說，這種過程實在是樂趣無窮。因為利用撥雲見日圖，以「尊他、重己、時宜、妙策」的對立消除法，便能確實擬定解決對策。藉此，我們或許能夠確定，上述解決對策一旦付諸實行，良好效應必定能隨之一一實現。

只要經營階層對於以唯心論思考的整體最適之工作進行方式，能夠了解到整體最適的科學方法非常簡易，同時也可能根據理論實行，隨即就能決定導入TOC理論應用在企業管理上。接著針對研發方面，導入上一章在「研發部門

圖50 利用解決對策引導出良好效應

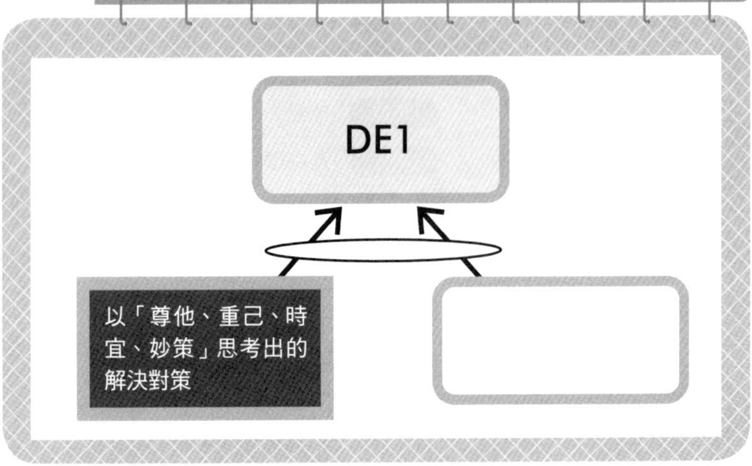

的撥雲見日圖」中，提到的關鍵鏈。導入關鍵鏈的工作現場，不僅研發及交貨期得以大幅縮短，即便研發計畫再多，也不會像以前一樣發生問題。工作現場根據簡單的緩衝管理規則，便能從煩雜的會議或報告中解放，也能從多工作業中解放。屆時，不僅能夠達成預估管理，更可以在事情發展到難以挽回的地步前，即透過互相協助防患未然。如此一來，新產品的研發也能夠領先其他競爭對手[1]。

在製造方面，導入在「五項聚焦步驟」介紹的「鼓－緩衝－繩」。前置期因此大幅縮短，製造中的在製品也能大幅減少[2]。而且，只要導入在「製造部門的撥雲見日圖」中，討論的TOC「供應鏈管理」，不僅工廠庫存得以控制，連同物流通路網絡在內，都能以整體最適狀態，針對庫存進行緩衝管理。即便庫存減少，店鋪也幾乎不會再出現缺貨情況[3]。

在營業方面，為了讓營業人員能夠站在顧客立場，致力為顧客解決問題，應該請他們練習運用思考流程，構思出令人無法拒絕的提案，並請眾多營業人員付諸實踐。

全面提升組織經營能力

有了經過深思熟慮、能夠解決顧客問題的企畫，此時只要比其他競爭對手搶先研發，產品力自然能夠獲得領先。

即便庫存量少，店鋪卻幾乎不會出現缺貨情況，而且也幾乎沒有出貨延遲的問題，營業方面若以上述幾點做為武器，積極運作[4]，將產品力進一步提升至領先其他競爭對手，便能成功讓營業力提升。

營業力一旦提升，同時產品力也領先其他競爭對手，就不會被捲入削價競爭的局面，進而阻止了產品價格跌落。

在產品力領先其他競爭對手、出貨毫不延遲、營業力提升的情況下，顧客滿意度便會隨之提升。

在顧客滿意度提升的情況下，產品力領先其他任何競爭對手，而且營業力又持續提升，即便身處競爭日益激烈的大環境中，依然能夠持續脫穎而出。另一方面，藉由靈活運用TOC的五項聚焦步驟，將活動集中於提高瓶頸限制的能力，改變速度隨之顯著加速，所有員工都以整體最適模式思考，練就一身解決問題的好本領，穩健成長，公司也得以一路過關斬將，脫穎而出。

若顧客滿意度提升，即便競爭激烈也能持續脫穎而出，市占率自然隨之逐漸擴大，價格也能停止下滑。而在業績持續提升的情況下，利潤也就開始節節高升[5]。

圖 51 未來樹圖

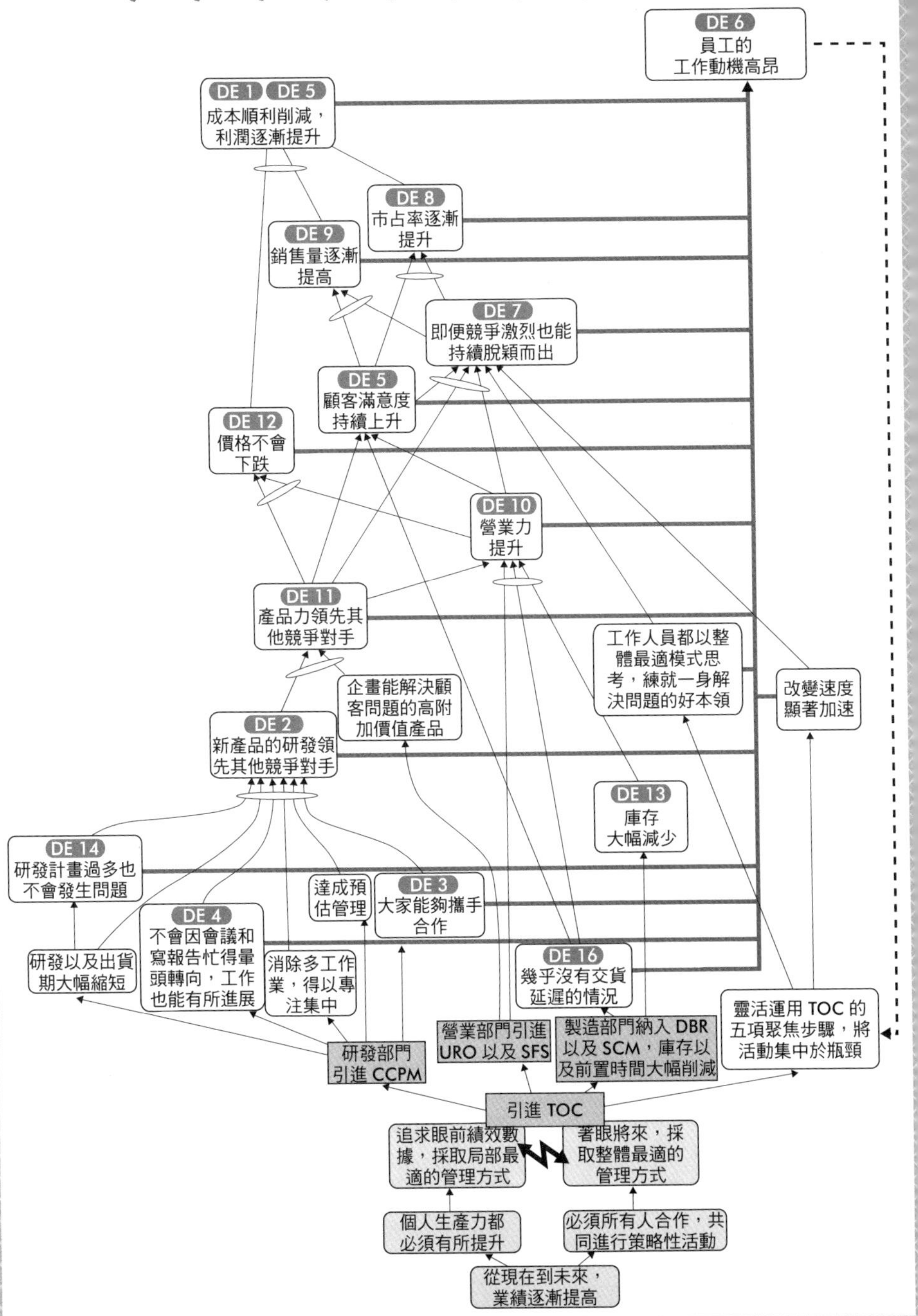

DE 6 員工的工作動機高昂
DE 1 DE 5 成本順利削減，利潤逐漸提升
DE 8 市占率逐漸提升
DE 9 銷售量逐漸提高
DE 7 即便競爭激烈也能持續脫穎而出
DE 5 顧客滿意度持續上升
DE 12 價格不會下跌
DE 10 營業力提升
DE 11 產品力領先其他競爭對手
工作人員都以整體最適模式思考，練就一身解決問題的好本領
改變速度顯著加速
企畫能解決顧客問題的高附加價值產品
DE 2 新產品的研發領先其他競爭對手
DE 13 庫存大幅減少
DE 14 研發計畫過多也不會發生問題
達成預估管理
DE 3 大家能夠攜手合作
DE 4 不會因會議和寫報告忙得暈頭轉向，工作也能有所進展
研發以及出貨期大幅縮短
消除多工作業，得以專注集中
DE 16 幾乎沒有交貨延遲的情況
靈活運用 TOC 的五項聚焦步驟，將活動集中於瓶頸
營業部門引進 URO 以及 SFS
製造部門納入 DBR 以及 SCM，庫存以及前置時間大幅削減
研發部門引進 CCPM
引進 TOC
追求眼前績效數據，採取局部最適的管理方式
著眼將來，採取整體最適的管理方式
個人生產力都必須有所提升
必須所有人合作，共同進行策略性活動
從現在到未來，業績逐漸提高

促進正向循環

在這裡，有一項有趣的發現，你可以看到圖51的黑色加粗線條，全都連接至「員工的工作動機高昂」[6]。一旦「出貨期幾乎不會延遲」，員工就會感到欣喜，工作動機自然隨之提升。若「不會因為會議和寫報告忙得暈頭轉向，工作也能有所進展」，工作動機當然也會大幅提升吧。而且，每當「研發計畫再多也沒有問題」、「新產品的研發進度領先其他競爭對手」、「產品力提升」、「營業力提升」、「價格停止下滑」、「顧客滿意度提升」、「即便競爭激烈也能持續脫穎而出」、「業績持續提升」、「市占率持續擴大」、「利潤持續提升」，還有「改變速度顯著加速」、「員工都以整體最適模式思考，練就一身解決問題的好本領」，自然能夠讓「員工的工作動機提升」。當然，不僅員工，就連幹部、股東，還有其他所有相關的利害關係者及其家人，都能獲得幸福。這樣的現象還能孕育出另一個正向循環，進一步加速每個人的整體最適活動。

這個圖意味未來的現實，稱為「未來樹」[7]。能力優秀的人，能夠很快地在腦海中描繪這類未來願景[8]，但卻不一定能讓每個人理解。未來樹的優點就是，能將這樣優秀的願景以邏輯方式，讓人一目瞭然，進而成為所有人共同的願景。現在已經逐漸能夠窺見光明的未來了。但是，現況仍舊尚未改變，接下來才是重頭戲。

斬斷負面分枝

甜言蜜語往往暗藏陷阱。治療某種疾病的藥物，不見得只帶來原本預期的效用；現實情況是，只要有效用就會有副作用。像這種負面的副作用，盡可能事先就要排除。好不容易絞盡腦汁構思出的解決對策，也可能存在意想不到的陷阱，改變也可能因此半途受挫。既然可能產生副作用，就必須事先祭出預防對策，更何況又有人為因素牽扯其中，一旦掉入陷阱，後果不堪設想。所以，預測伴隨改變而來的陷阱，事先擬定對策是相

圖 52 負面分枝

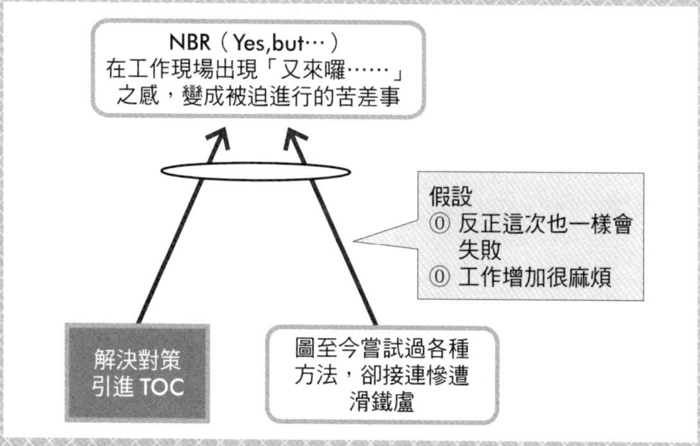
NBR（Yes,but…）
在工作現場出現「又來囉……」之感，變成被迫進行的苦差事
假設
⓪ 反正這次也一樣會失敗
⓪ 工作增加很麻煩
解決對策
引進 TOC
圖至今嘗試過各種方法，卻接連慘遭滑鐵盧

當重要的。

原本希望進行順利的事情，卻引發意想不到的反應，自己也跟著手忙腳亂。各位是否曾有過類似的經驗呢？為達成某項目標而採取某一行動時，該行動必定會引發某種效應。有時候，即便當初基於希望大家開心的本意，去做某件事，結果該行動卻招致意料之外的反感。「人家本來是希望大家開心的啊」，為了避免萌生這樣的悔恨，就必須事先斬斷某種行動引發的可能負面效應。

某項行動引發的可能負面效應，稱為「負面分枝」（Negative Branch, NBr）。舉例來說，不論你覺得本書一直探討的TOC理論有多好，你身處的現實世界應該沒有那麼美好。過去應該也有不少企業在工作現場，大張旗鼓地導入各種組織變革方法，最後卻慘遭滑鐵盧。

那些在工作現場的人，光聽到TOC，可能會覺得「那的確是不錯啦……只不過……」[9]。不論你多麼認真推行，在工作現場可能只會變成「被迫去做的苦差事」。

我們必須去思考這樣的負面分枝。若能清楚確認負面分枝，就能事先擬定解決對策[10]。擬定斬斷負面分枝的對策非常簡單，只要像以前一樣，先找出假設，再逐一擊破。首先我們試著假設，為什麼「在工作現場會變成被迫去做的苦差事」。如果是因為大家深信，「反正這次一定會像以前一樣失敗」，或是「增加工作量很麻煩」，那麼就應該針對這些想法擬定對策。

運用邏輯方法未雨綢繆

為了斬斷這些負面分枝，是否可以試著和那些可能成為抗拒勢力的人，共同畫出現況樹或未來樹呢？每一棵樹都能將個人的想法，用自己的語言記錄下來，再以結構化的方式呈現，這時問題的結構也就顯而易見。透過未來樹，那些讓人躍躍欲試的願景，便能依序慢慢浮現，在畫圖過程中，工作動機也應該能隨之提升

圖 53　思考解決負面分枝的對策

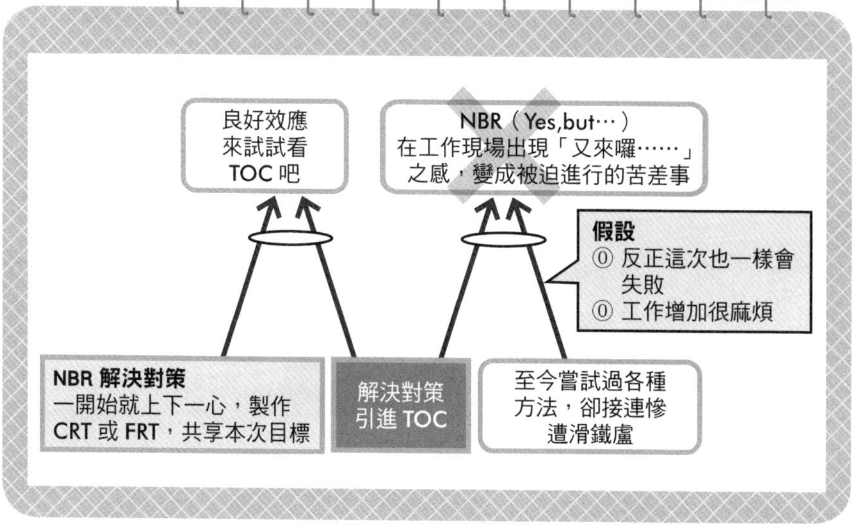
良好效應
來試試看
TOC 吧
NBR（Yes,but⋯）
在工作現場出現「又來囉⋯⋯」
之感，變成被迫進行的苦差事
假設
⓪ 反正這次也一樣會失敗
⓪ 工作增加很麻煩
NBR 解決對策
一開始就上下一心，製作 CRT 或 FRT，共享本次目標
解決對策
引進 TOC
至今嘗試過各種方法，卻接連慘遭滑鐵盧

圖 54 逐一思考解決負面分枝的對策

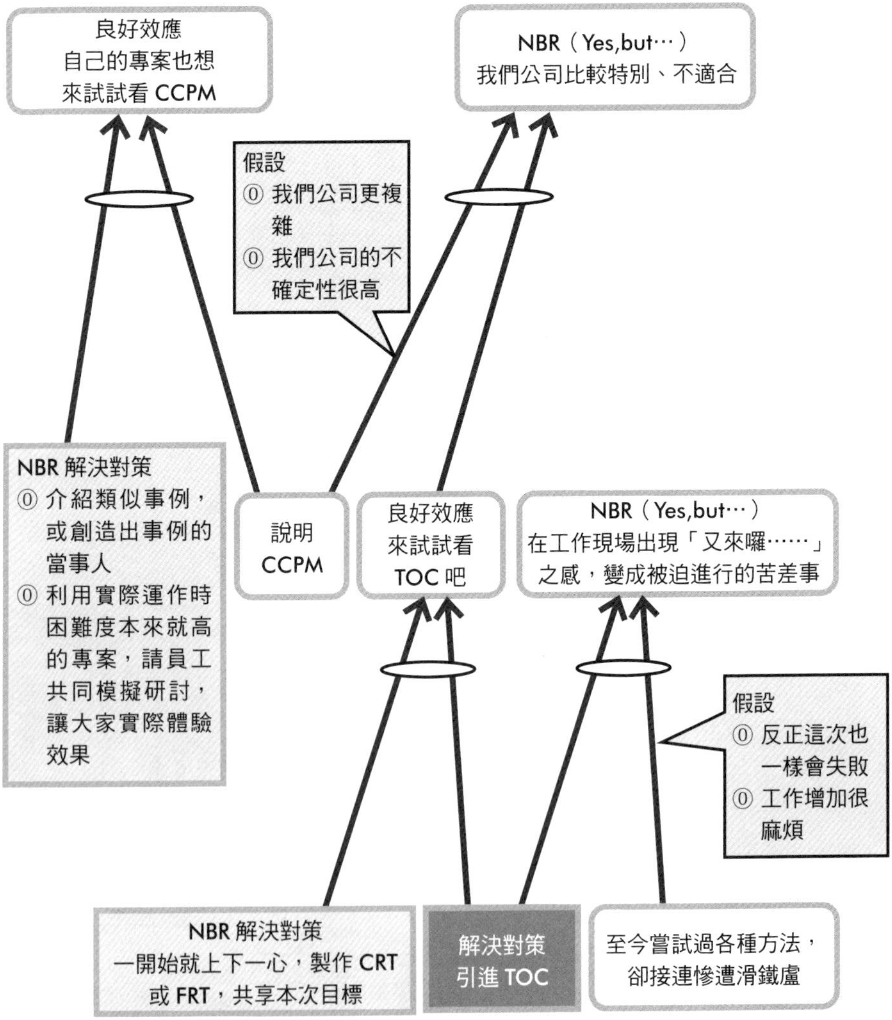

了[11]。

但是，想要嘗試TOC很簡單，一旦實際執行，又會萌生其他負面分枝。例如，若針對研發部門導入關鍵鏈，當員工聆聽關鍵鏈的相關說明，或其他出色案例時，有人會覺得「原來是這樣啊」，不過應該還是會有多數人覺得，「天底下應該沒有這種甜頭吧。我們公司比較特別，不適合這套理論」。那麼，讓我們試著假設對方這麼想的原因，或許有人是這麼想的：「我們公司更複雜」、「我們公司的不確定性很高」。果真如此，讓我們試著思考粉碎那種假設的方法。例如，「介紹類似案例，或創造出案例的當事人」，或請當事人前來直接對話，或者也可以「利用實際運作時，困難度本來就高的專案，請員工共同模擬研討，讓大家實際體驗效果」。如此一來，「我們公司比較特別、不適合」的負面分枝，就會被斬斷，甚至可能出現「自己的專案也來試試關鍵鏈」的想法[12]。

我想大家已經了解，負面分枝是以邏輯方法實踐「未雨綢繆」。有經驗的優秀人士，能在腦中迅速擬定這些方法。大家可以把所謂的負面分枝，想成是費盡心思將那些方法以邏輯方式，讓所有人輕鬆理解。只要親自嘗試，就會發現這就像「詰將棋」[13]一樣相當有趣。建議想嘗試的人，可事先請一些有經驗的優秀人士幫忙看看負面分枝，聽取他們的建議。當他們看到一直以來基於直覺去做的事情，以簡潔明瞭的方式顯示出來，多數人都會感到驚奇，同時興致盎然。他們或許也能藉由本身長期累積的經驗給予建議，或分享本身慘遭滑鐵盧的寶貴經驗。

有句俗話說：「禍不單行。」當心底隱約想，「只希望這種事情別發生就好」，結果那件事卻偏偏發生，這種情況所在多有。所以，如果不想慘遭滑鐵盧，事後才來後悔，就必須「未雨綢繆」，事先確實執行負面分枝對策，這是非常重要的步驟。

1　「關鍵鏈」的戲劇化效果，請參考拙著《管理改革的工作時程表》，以及高德拉特博士的《關鍵鏈》。

2　《目標》中對於「鼓─緩衝─繩」有詳細闡述。

3　《絕不是靠運氣》中，對於「供應鏈」，以及如何藉由思考流程規畫工作的始末，都有詳細說明。據說，這也成為日本眾多供應鏈物流系統建構時的理論基礎（《日經情報STRATEGY》二〇〇七年七月）。更令人訝異的是，該理論其實與「豐田生產方式」的基礎完全一致。由此可見，高德拉特博士有多麼傾慕大野耐一，並且努力嘗試將其轉換成，任何人都能一目瞭然的外顯知識。

4　《絕不是靠運氣》中，有討論將這些情況作為武器的案例。

5　在此有一點希望讀者注意，本章並非要各位直接致力解決不良效應，而是針對引起不良效應的原因實行對策，藉此消除不良效應，最後創造出各種良好效應。我們要醫治的，不是問題結果的「症狀」，而是矯正造成該結果的「病因」。運用因果關係邏輯來分析，是一種不會受到所謂「問題症狀」表象束縛的解決方法。

6　所謂的「連結」不正是Creative的行為嗎？我認為，像這樣訓練「連結」，也能與磨練創造力有所連結。

7　每次繪製未來樹時，腦海中便會莫名響起日本知名樂團「美夢成真」（dreams come true）的名曲〈未來預想圖II〉的旋律。那真是一首好曲子。

8　大家常說：「經營者是孤獨的。」正因為具備卓越能力，能獨自在腦海中描繪未來，才得以成為一位經營者吧。自己描繪的願景，若能與員工或客戶等所有人共享，該是一件多麼快樂的事？我認為未來樹圖正好能幫經營者完成此事。

9 英語中常用「Yes, but……」這樣的表現句法，意思是「是這樣沒錯，只不過……」。即使語言不同，不過人畢竟是人，大家都是一樣的。

10 負面分枝的對策，正是扭轉對方擔心的事項，加以靈活運用，進而逐漸取得共識。所以，若出現負面分枝，可將其視為取得共識的契機。

11 每當實踐這個步驟時，我就會深深感受到「People Are Good」（人性本善）這個道理。我認為，TOC的重點，正是引出人們良善的一面。

12 了解我的人可能早已明白，事實上我至今所實踐的關鍵鏈，正是這種負面分枝的解決對策。托大家的福，關鍵鏈得以在短期內，創造出令人難以置信的眾多亮眼成功案例。就連高德拉特博士，都對此讚不絕口地表示，沒有任何一個國家像日本一樣，能在短期內，讓關鍵鏈獲得如此廣泛且亮眼的成功。附帶一提，我之前沒寫過此處論及的未來樹；但是，在思考流程的訓練中，我曾經寫過「一旦將未來樹完成，樹上的內容全都成功達成後，再來想想更上一層的良好效應吧」。當我那麼寫時，完全沒料到當時未曾見過或面對面接觸、而且住在遙遠以色列的「高德拉特博士會對我讚不絕口」。但是，令人訝異的是，這種事竟然真的發生了。

13 「詰將棋」簡單來說就是，日本將棋的殘局，類似中國象棋的殘局，不過規則不盡相同。

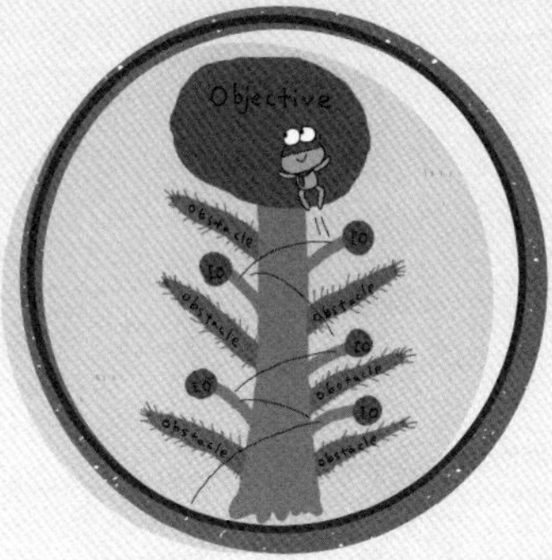

c h a p t e r

5 不受障礙阻擾！

——專注於中繼目標的**目標達成法**——

達成大目標前，必定會遭遇障礙。加把勁或許也能跨越障礙，不過過程相當艱辛。若能輕鬆突破障礙，就再好不過了。本章介紹的方法，能讓各位無視障礙的存在，專注於直通目標的指標！

常言道：「人生猶如障礙賽跑。」如果有可能，人人還是會希望避免與障礙物正面衝突。但是事實上，挑戰必然伴隨著障礙。障礙有時也許會大到讓人感到窮途末路，眾人束手無策，不知該如何達成目標、該如何跨越障礙。當你朝目標前進，一邊巧妙迴避障礙時，該如何同時讓事情順利進行呢？跨越所謂「障礙」的柵欄，有時也是樂事一樁。不過如有可能，還是希望在不受障礙干擾的情況下，讓工作順利推展。

例如，本書一直討論的TOC理論，優點或許無庸置疑；不論是你，或是你周遭的人都有心想嘗試。但是，真的沒問題嗎？以現實角度思考，「經營者決定導入TOC」可說是重大的經營決策。為此，可能遭遇的障礙多不勝數，實際上也可能就此踏上一條漫漫長路。路途中，說不定也會有感到窮途末路、束手無策的時候。

迴避障礙的前置工作

在這裡，大家最在意那些必須面對的無數障礙。若要逐一列舉障礙，應該永遠也列不完，但我們可以盡可能把想得到的障礙寫出來。首先，必須明確界定障礙，這是巧妙

圖 55　列舉障礙，思考中繼目標

目標
管理高層決定導入 TOC

障礙		中繼目標	
O-1	管理高層不清楚 TOC	IO-1	管理高層了解 TOC
O-2	不清楚 TOC 能否對公司有所助益	IO-2	認同 TOC 對公司有所助益
O-3	現有的經營指標會造成公司營運阻礙	IO-3	能表示現有的經營指標不會造成公司營運阻礙
O-4	要說明 TOC 很困難	IO-4	能以簡潔易懂的方式說明 TOC
O-5	要讓管理高層抽出空來很難	IO-5	管理高層能夠抽出空來
O-6	說服管理高層接受 TOC 的優點很難	IO-6	能說服管理高層接受 TOC 的優點
O-7	有人會說：「其他的作法比較好」	IO-7	管理高層認同 TOC 是絕佳解決對策

明確釐清在迴避各種障礙後，將達到什麼樣的狀況。

迴避障礙的第一步。例如，管理高層或許不清楚TOC是什麼，也不清楚TOC能為自己的公司帶來什麼好處，會覺得現有的經營指標可能造成公司營運阻礙，怎麼可能導入TOC。歸根究柢，TOC到底是什麼，應該由誰來說明？管理高層工作忙碌，幾乎不可能請他們抽空聆聽說明。又或許，管理高層目前正積極推行其他方法，對TOC根本不屑一顧。像這樣的障礙，可以逐一加以列舉，對於為何做不到的藉口暢所欲言。

下一步，針對這些障礙，寫出順利克服障礙後，情況會變成什麼樣子。如圖55所示，讓管理高層了解何謂TOC理論，使他們認同TOC的確對公司有所助益，向他們表示現有的經營指標不會造成公司營運阻礙，讓忙碌的管理高層抽出空來，在短時間內以簡潔易懂的方式，解釋TOC的優點何在，讓他們相信TOC是絕佳解決對策。在此同時，無須思考該怎麼做，這本來就是不知道該如何去達成的目標。所以，只要先思考各項障礙消除後，將達成什麼樣的狀態，同時把思考內容記錄下來。

看看跨越障礙後的狀態項目，為了有技巧地逐一克服障礙，這些都是必須達成的目標。在迴避障礙的同時，只要能有技巧地達成上述目標，最後終能順利抵達目的地。我們可以將這些目標，視為中繼目標（Intermediate Objectives, IO）。

如圖56所示，有最底下黑色的「現在」狀態，乃至於遠處最上方「管理高層決定導入ＴＯＣ」狀態，中間則存在無數障礙阻擾目標的達成。可能的話，我們希望避免與之正面衝突。若能順利迴避障礙，會變成什麼狀態呢？我們試著將方才列舉的中繼目標，置入圖57。

例如，我們可以試著思考，達成ＩＯ-7「管理高層認同ＴＯＣ是絕佳的解決對策」之前，必須先達成什麼樣的中繼目標。為此，必須先做到ＩＯ-1的「管理高層了解ＴＯＣ」，以及ＩＯ-2的「認同ＴＯＣ對公司有所助益」。這是因為，我們必須克服的障礙，包括Ｏ-1的「管理高層不清楚ＴＯＣ」，以及Ｏ-2的「不清楚ＴＯＣ能否對公司有所助益」。就像這樣，針對列舉出的障礙，插入迴避障礙後所達成的中繼目標。如此一來，應該就能清楚看出一條道路，這條路讓大家無須到處碰壁，並且可以在迴避障礙的過程中，一邊達成中繼目標，最後直通目標。

找出先後順序

確認迴避障礙的順序極為重要。確認順序和先前一樣，必須大聲誦念。「為實現中繼目標Ａ，首先必須達成中繼目標Ｂ。這是因為，有障礙Ｃ阻擋在中繼目標Ａ與Ｂ之間」，要像這樣念出來。

圖 56 針對目標列舉障礙

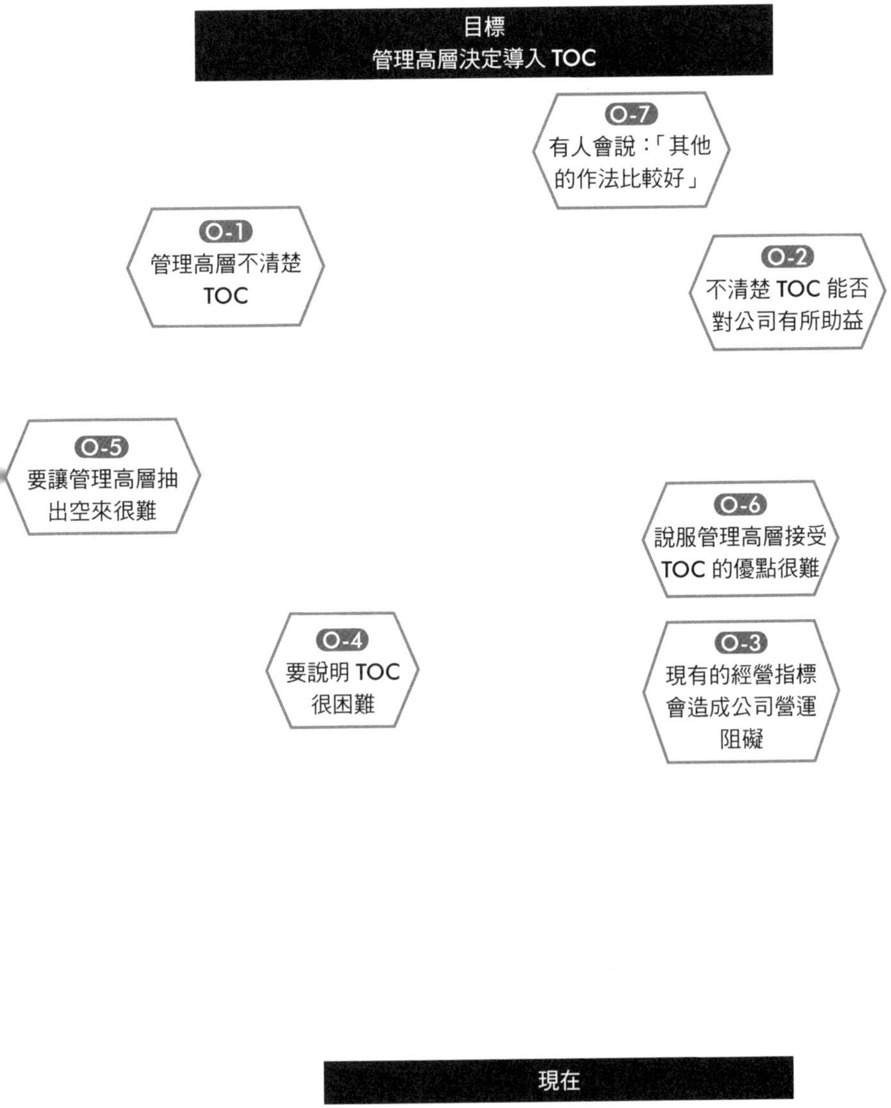

圖 57 插入中繼目標

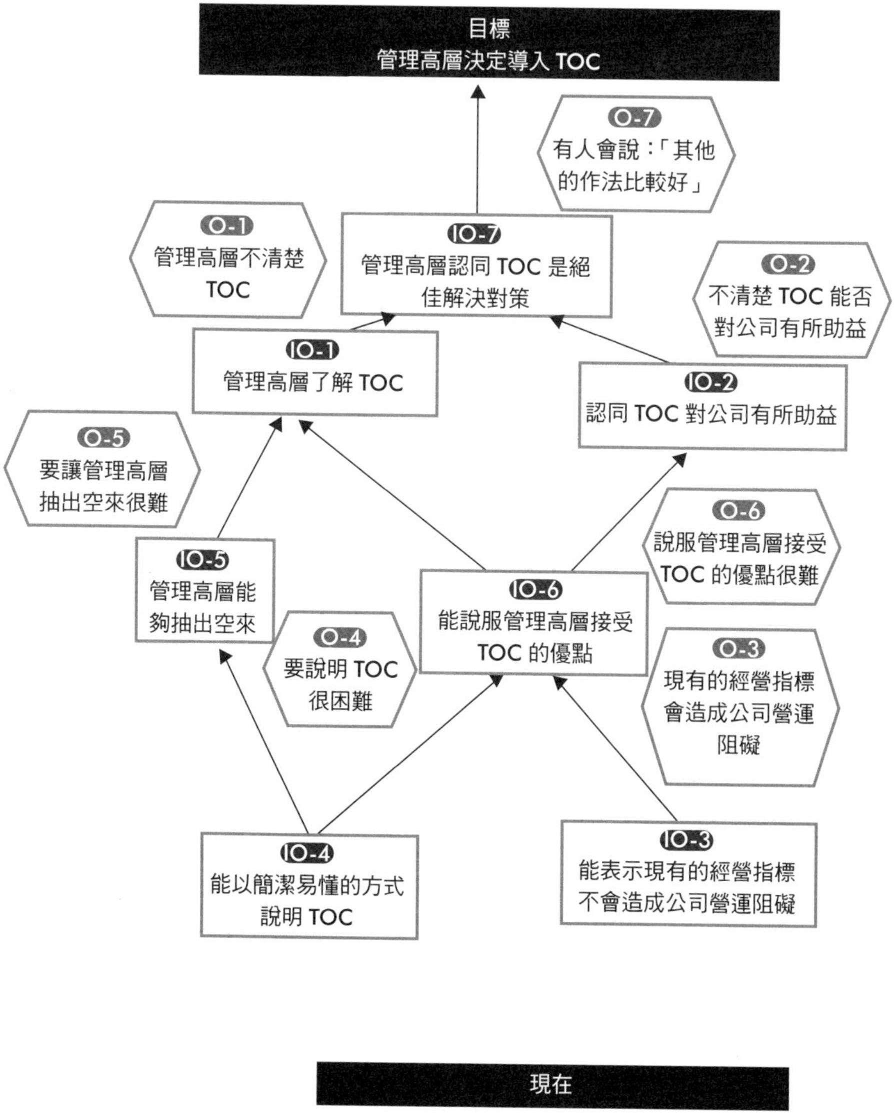
目標
管理高層決定導入 TOC
O-7
有人會說：「其他的作法比較好」
O-1
管理高層不清楚 TOC
IO-7
管理高層認同 TOC 是絕佳解決對策
O-2
不清楚 TOC 能否對公司有所助益
IO-1
管理高層了解 TOC
IO-2
認同 TOC 對公司有所助益
O-5
要讓管理高層抽出空來很難
O-6
說服管理高層接受 TOC 的優點很難
IO-5
管理高層能夠抽出空來
IO-6
能說服管理高層接受 TOC 的優點
O-4
要說明 TOC 很困難
O-3
現有的經營指標會造成公司營運阻礙
IO-4
能以簡潔易懂的方式說明 TOC
IO-3
能表示現有的經營指標不會造成公司營運阻礙
現在

我們以先前實際列舉的障礙O-4「說明TOC很困難」思考，為達成「能說服管理高層接受TOC的優點」，首先必須達成「能以簡潔易懂的方式說明TOC」。這是因為「要說明TOC很困難」。像這樣試著朗讀確認，有時也能從中發現錯誤。可能的話，也建議各位請別人幫忙看看，提供意見。藉由這樣的方式，便可以確認

圖58 確認迴避障礙的順序

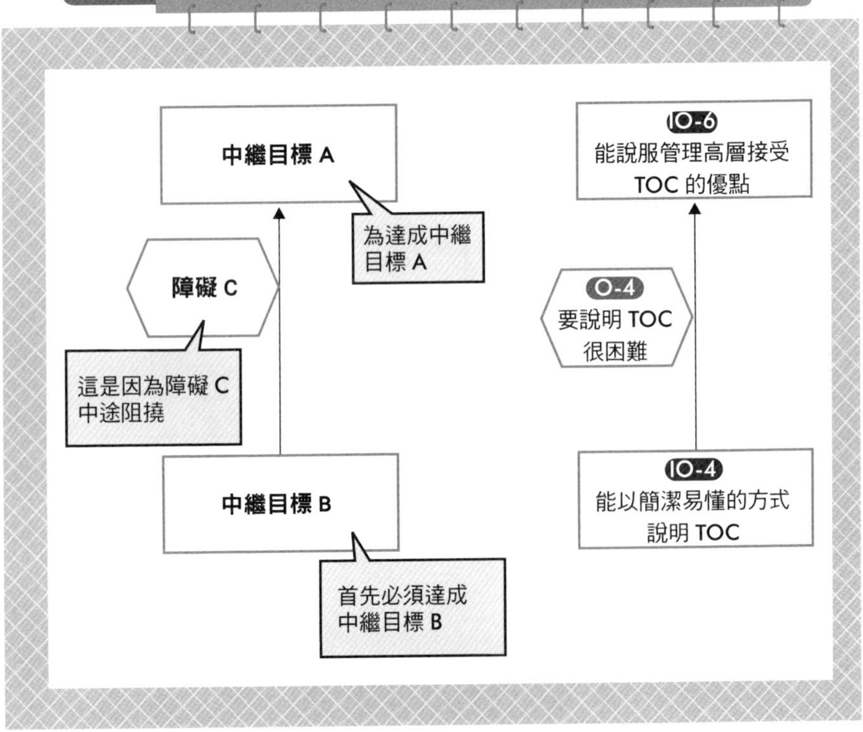
中繼目標 A
為達成中繼目標 A
障礙 C
這是因為障礙 C 中途阻撓
中繼目標 B
首先必須達成中繼目標 B
IO-6
能說服管理高層接受 TOC 的優點
O-4
要說明 TOC 很困難
IO-4
能以簡潔易懂的方式說明 TOC

在抵達最終目標前，逐一達成中繼目標的路徑以及順序。

進一步篩檢出隱藏障礙

只不過，圖57的「能以簡潔易懂的方式說明TOC」，以及「能表示現有的經營指標不會造成公司營運阻礙」這些中繼目標，真能那麼輕易達成嗎？若覺得無法達成，那麼應該有阻止目標達成的障礙存在。

最接近「現在」的中繼目標，應該就是首先必須達成的目標。所以，用這種作法都無法理解，應該就無邁

圖59　篩檢出隱藏障礙

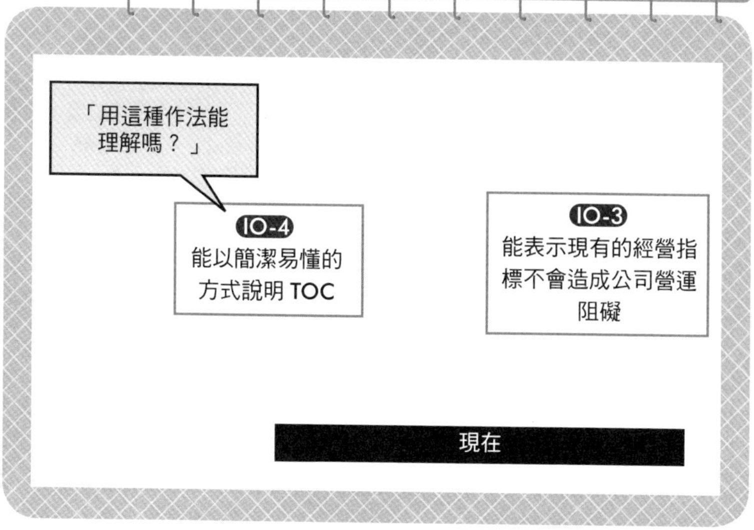

出第一步。要想出遺漏的障礙非常簡單，只要針對中繼目標提出這樣的疑問：

「用這種作法能理解嗎？」

「還有其他障礙存在嗎？」

一旦實際提出疑問，或許就能發現，當我們試著在有限的時間內，以簡潔易懂的方式對管理高層說明，並且

圖 60　試著思考，讓人覺得「這種作法能夠理解」的中繼目標

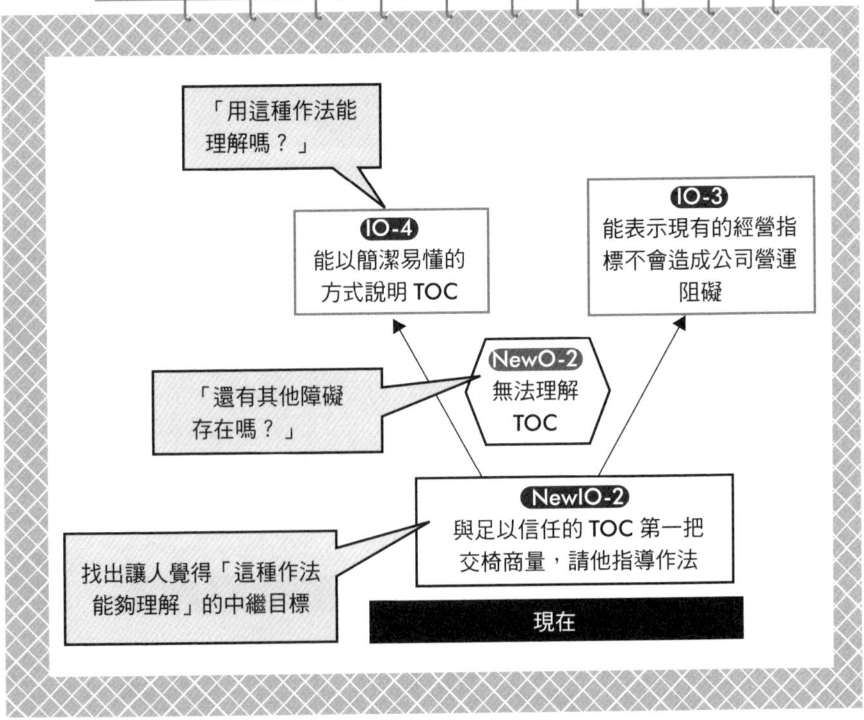

讓他們認同，現有的經營指標不會造成公司營運阻礙時，可能出現的新障礙——「無法理解TOC」。在此情況下，為了迴避新障礙，就必須思考新的中繼目標。由此我們發現，「與足以信任的TOC[1]第一把交椅商量，請他指導作法」的全新中繼目標。如今是網路時代，第一步就是上網檢索，撰寫向專家請益的電子郵件。如此一來，應該也能明白作法為何。

幫助專注中繼目標的條件樹

這些樹圖全都在顯示，為了做某件事，必須以達成某件事為前提的「條件」，所以稱為條件樹（Prerequsite Tree, PrT）。之前不知該如何達成的目標，只要能逐一滿足這些前提條件，就能清楚顯示達成目標的路徑。

完成這些樹圖後，讓我們試著徹底清除如圖61所示的障礙，我想大家都已經看出來了，只要專注各項中繼目標，心無旁騖想著達成中繼目標，自然而然就能達成最終目標，這也是其中的巧妙之處[2]。而這也將成為免受障礙困擾，邁向最終目標的依循指標。

圖 61　條件樹圖

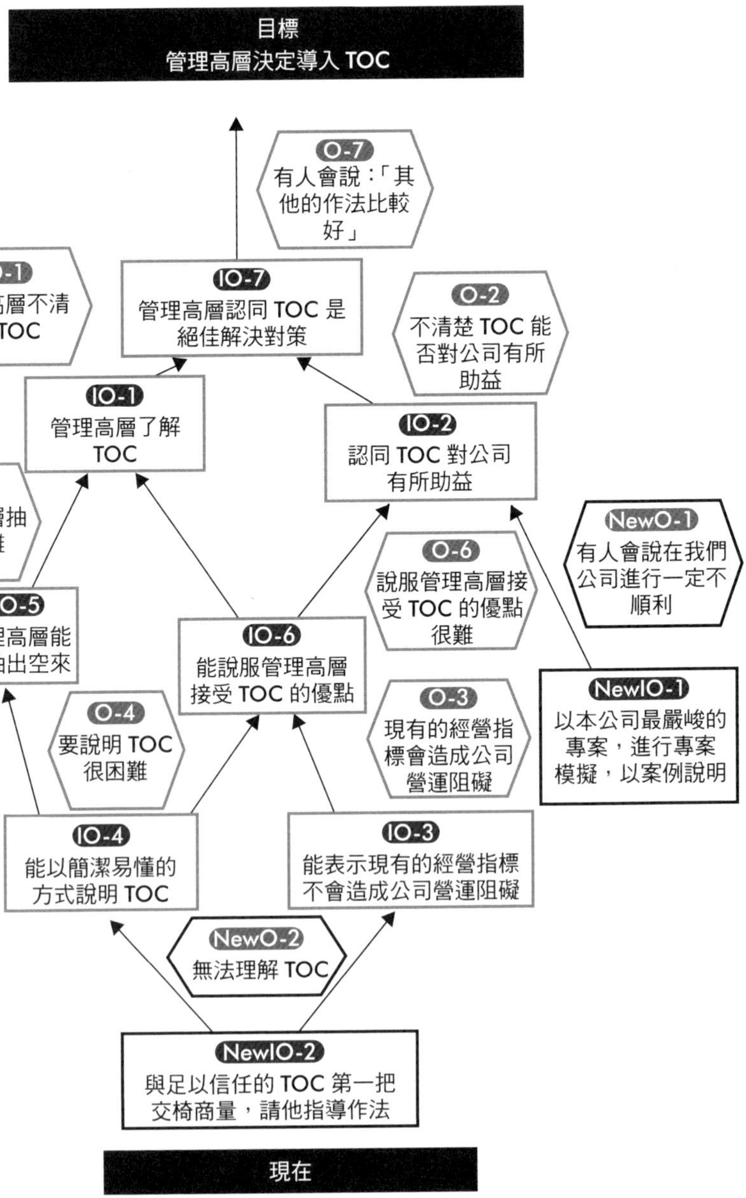

像這樣試著列舉出來後，可以發現障礙與中繼目標都是成對出現。若能從障礙創造出中繼目標，就不會再被障礙羈絆，同時也能逐漸專注於中繼目標。

圖 62 一旦障礙消除，就變成專案計畫

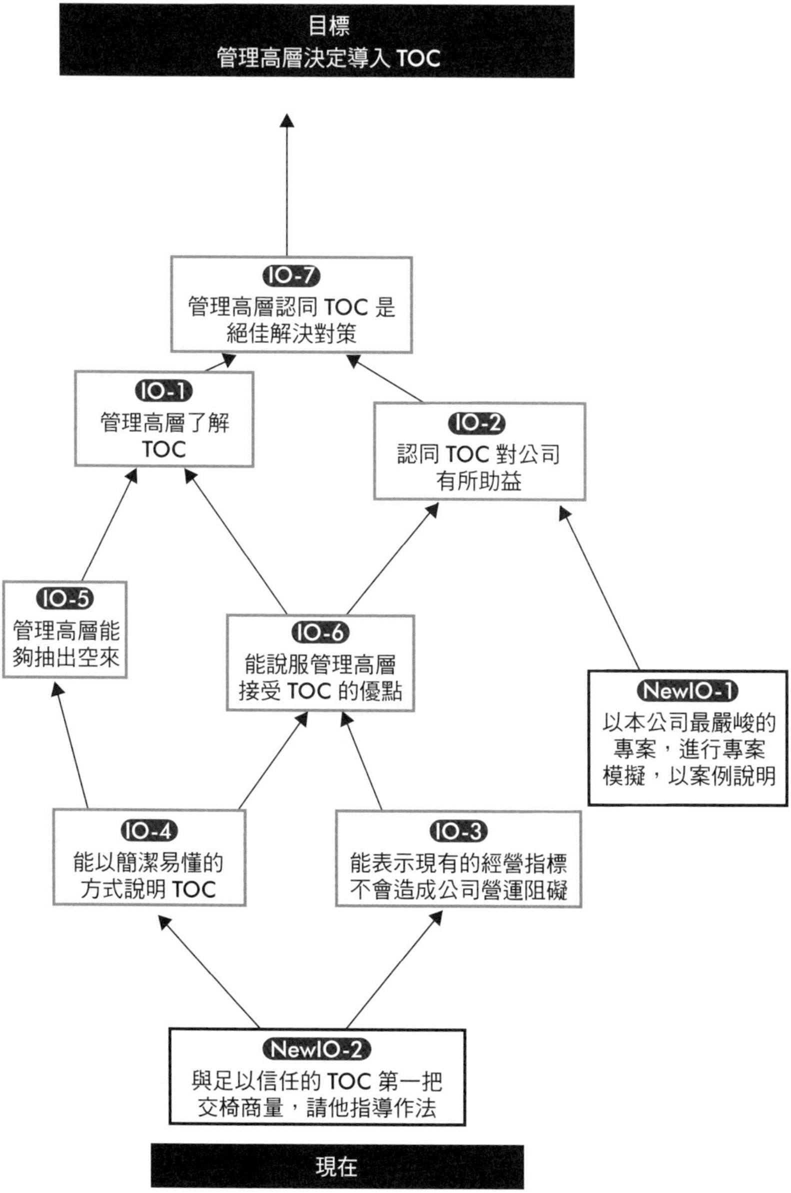

此處的箭頭並非先前討論的因果關係，而是以時間序列，連結出理應實現的路徑。

接下來，進一步針對各項中繼目標，分配執行負責人，並訂出期限，就能成為出色的專案計畫。

優秀人士能夠揭示高遠目標，穩健因應無數挑戰，逐步達成目標。我們見狀往往會以「那個人比較特別」為由，不戰而降。但是，找那些超群菁英，一問之下，不少人都會說：「我只是個普通人。」或是「我是個充滿自卑感的人。」簡而言之，這些人不見得認為，自己是獲得上天特別檢選，或是擁有才華的人[3]。

使用條件樹的時機是：想做的事情或目標很明確，不過所有人卻對該怎麼做毫無頭緒的時候。首先列舉出障礙，是為了明確界定對於執行作業的不安，並將這樣的不安，轉換成克服障礙的能量。若能反向利用障礙，將其置換成里程碑[4]，充分規畫，就無須到處衝撞各種障礙，反而能夠巧妙迴避障礙。而且，一旦將無數前提條件加以連結，就能窺見達成目標的路徑，無須再為障礙感到困擾。如此一來，就能懷抱自信心與確信感，逐一達成前提條件。條件樹正是以邏輯方式，表現出這樣效果的方法論[5]。

1　研發出TOC的高德拉特博士本人也有此意，TOC的知識目前已成為公共財（Public Domain，不受智慧財產權保護，屬於全人類共享的知識），任誰都可以自由運用。全球無數因此理念產生共鳴的人們，如今也持續讓TOC不斷演進，並將發表內容昭告天下。最新的相關發表就是，「策略與戰術樹」（S&T Tree）。博士表示，這種樹圖最重要。因為這種樹圖具體明確地顯示出，「如何去改變」，還有上至組織領袖下至第一線負責人，所有人如何秉持同一目標，持續推動企業變革。關於這一點，我希望在第七章詳加解說。

2　我想大家都已經看出來了，這個中繼目標地圖，與專案管理使用的PERT圖一模一樣。

3　令人訝異的是，高德拉特博士也說：「我不覺得自己是天才。」他對我說：「持續進行因果關係的邏輯訓練，讓這樣的思考流程成為第二本能時，人就會被稱為『天才』。」

4　「里程碑」（milestone），是專案流程中的階段性目標。

5　實行時若遭遇任何問題或對立與衝突，也無須擔心。藉由使用「尊他、重己、時宜、妙策」的撥雲見日圖，便能立刻徹底消除對立。

c h a p t e r

6 有備無患！

——鍛鍊洞燭機先能力的**執行順序確立法**——

朝目標邁進時採取的行動，將逐漸改變你身邊的現實環境。若能預測現實將如何改變，事先考慮下一個步驟，就能放心將計畫付諸實行。本章介紹的方法，能讓各位確立執行順序，放心地朝目標邁出第一步。

「少了執行，任何計畫皆成枉然」，這可說是耳熟能詳的一句話。所有的戰術、策略都必須付諸實行，才能出現結果。然而事實上，在邁出執行計畫的第一步時，總會莫名地感到惶惶不安，需要莫大勇氣。我們之所以會感到不安，是因為明白自己採取的行動，必定會引發後續無數情況接踵而來。

原先我們基於某種期望，採取最初的行動，而那樣的行動將會改變現實。如圖63所示，「期望、現實以及行動」三要素[1]，將會引發新的現實狀況出現。而且，新現實狀況還會帶來超乎想像的嚴峻新課題，那樣的新課題將轉變成新期望，而我們也必須採取新行動加以克服。這也就生成下一組期望、現實，以及行動三要素。

此例是針對，「與足以信任的TOC第一把交椅商量，請他指導作法」，規畫執行順序。不過事實上，對於未曾嘗試過的事，在想邁出第一步時，不安的念頭仍會縈繞心頭。首先，我們必須轉換心情，專注於眼前的問題，明確界定我們做的事情所為何來。就此處列舉的情況而言，明確寫出「此樹圖是針對『與足以信任的TOC第一把交椅商量，請他指導作法』，規畫執行順序」。這個作法相當簡單，只要詢問以下問題即可。

圖 63 轉換樹圖

此樹圖是針對「與足以信任的 TOC 第一把交椅商量，請他指導作法」，規畫執行順序。

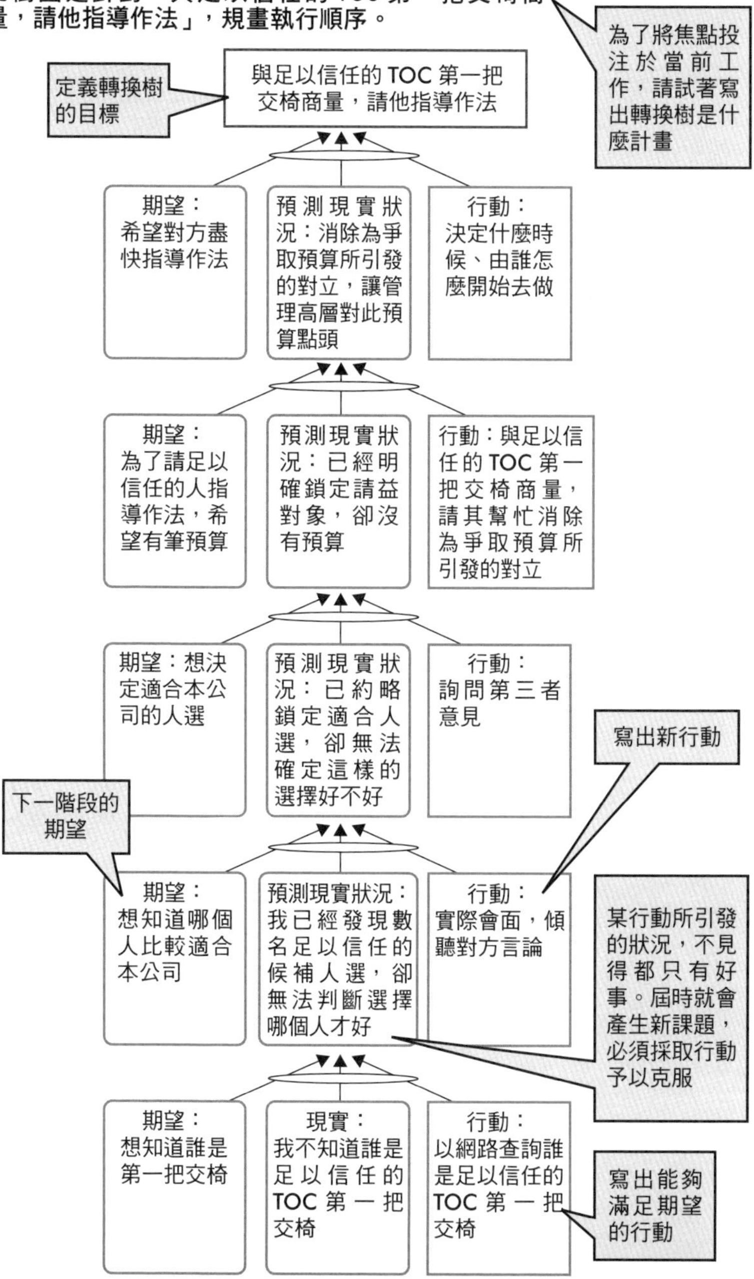

轉換樹——以「現實、期望、行動」三項疑問來思考

首先，在上方寫出繪製此樹圖的目標。比較之前提及的條件樹圖，其中「與足以信任的TOC第一把交椅商量，請他指導作法」應是常見的切身課題。

「這個樹圖的目的為何？」

接下來，思考第一組三要素。「我不知道誰是足以信任的TOC第一把交椅」是現實狀況，因此出現「想知道誰是第一把交椅」的期望，思考為了滿足這樣的期望，應採取什麼行動時，就會明白「以網路查詢誰是足以信任的TOC第一把交椅」的行動。

這時進行此步驟，只要詢問以下三項問題。

現實：「現在是什麼狀態？」
期望：「我想做什麼？」

行動：「針對那樣的現實及期望，可以採取什麼樣的行動？」

以此三要素為一組，逐漸引導出新現實狀況。對於新現實狀況，繼續提出同樣疑問。如此一來就能預測，「我已經發現數名足以信任的候補人選，卻無法判斷選擇哪個人才好」的新現實，據此導出「想知道哪個人比較適合本公司」的新期望，而為滿足這樣的期望，採取「實際會面，傾聽對方言論」的新行動。接下來，預測「已約略鎖定適合人選，卻無法確定這樣的選擇好不好」的新現實，據此導出「想決定適合本公司的人選」的新期望，為滿足這樣的期望，採取「詢問第三者意見」的新行動。

接下來，預測「已經明確鎖定請益對象，卻沒有預算」的新現實，據此導出「為了請足以信任的人指導作法，希望有筆預算」的新期望，為滿足這樣的期望，採取「與足以信任的TOC第一把交椅商量，請其幫忙消除為爭取預算所引發的對立」的新行動。

再下一步，預測「消除為爭取預算所引發的對立，管理高層對此預算點頭」的新現實，據此導出「希望對方盡快指導作法」的新期望，為滿足這樣的期望，採取「決定什麼時候、由誰怎麼開始去做」的新行動。如此一來，就能達成「與足以信任的TOC第一把交椅商量，請他指導作法」的目標。

此樹圖意味著實際將計畫付諸實行，所以稱為「轉換樹」。這是在達成難度並沒有那麼高，相對而言算是伸手可及的近距離目標時，所使用的寶貴工具。

「與足以信任的TOC第一把交椅商量，請他指導作法」本身，就不是難度太高的目標。甚至就某種程度而言，也約略能看出達成目標的各個順序。但是，只要採取某項行動，必定會引發某種情況變化。如果不清楚那些變化，就會感到不安，而且每次遭逢變化就必須思考下一步該怎麼辦，那麼即便是像這種近距離目標，想要達成都可能變得困難重重。在此情況下，為了避免行動受挫，就必須洞燭機先，事先做好心理準備，採取任何行動時都能明確了解，每一步行動的目的為何。如此一來，便能放心將計畫付諸實行。

常言道：「有備無患。」那些「具備執行力」的人，何以往往能夠洞燭機先，穩健執行各個步驟。那是因為，他們在執行時早已預測，自己採取的行動將引發什麼情況，對於屆時該採取什麼因應措施，已事先做好粗略規畫[2]。大家或許可以將本章介紹的轉換樹，視為幫助所有人都能做到此事的訓練。

1 這個樹圖還有其他很多繪製方法，在此介紹最為簡潔易懂的便捷方法。其他方法，請讀者參閱相關書籍。

2 歷經長年失敗，才逐漸學會人家常說的：「學習不如習慣！」「工作是用眼睛偷學的！」「三思而後行！」等道理，如果有人在我剛踏入社會時，就教我這些方法就好了……我不禁這麼想。

c h a p t e r

7 實現理想！

——運用整體最適方法，
集結眾人之力的**策略戰術執行法**——

為達成遠大目標，周遭人士的鼎力相助不可或缺。而且，必須要有讓每個人展現長才的環境，才能讓目標化為現實。本章介紹的執行法，將幫助大家在融洽氣氛中，毫無後顧之憂地發揮，目前無論如何都想像不到的龐大能量，達成大幅躍進的成長。

那些達成驚人成果的前輩先進，也是秉持揭示高遠目標[1]的重要性。他們會說，「夢想終將實現」、陳述「懷抱夢想」的重要性。聽他們這樣講，會覺得確實言之有理。不過，一旦將心神專注於環繞身旁的現實狀況，就會發現成堆的問題，於是我們因此又被困死在現實世界中，動彈不得。常言道：「問題是存在目標以及現實間的鴻溝。」而且，若將目標放眼於遠大的願景，理想愈高[2]，與現況之間的鴻溝就愈大，問題也就愈大。

即便旁人大聲疾呼：「要懷

圖 64 拉高目標，接近理想

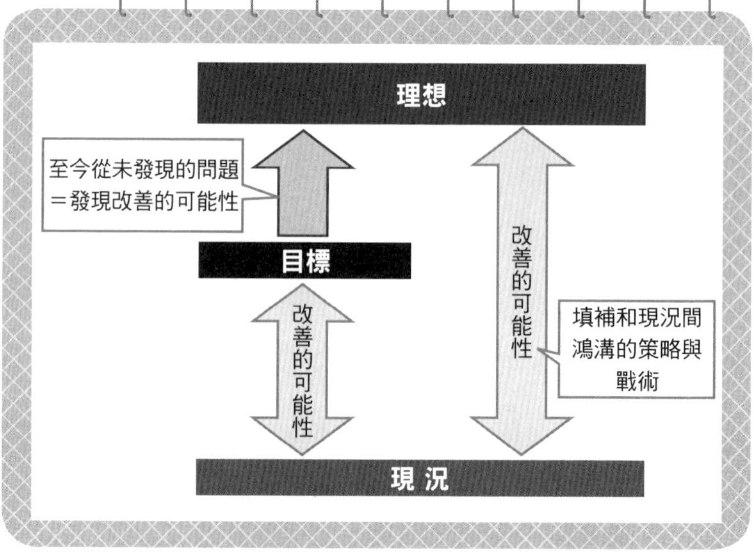

抱高遠理想！」「拋棄既定概念！」「勇於挑戰！」「以零基概念[3]思考！」現實中的嚴峻問題，卻足以讓人喪失挑戰的企圖心。

朝理想拉高目標

只要試著冷靜去思考就會發現，揭示高遠理想其實是相當合理的作法。因為拉高目標[4]，有計畫地積極趨近理想時，理想與現況間的鴻溝也會隨之拉大，我們就能從難度較低的目標，逐漸釐清至今從未發現的問題，這問題等於是改善的可能性。日本曾有段時期相當流行「新幹線思考」這句話，意思是說，如果想讓一直以來頂多只能以時速一百公里行駛的列車，變成以三倍速度（即時速三百公里）行駛的列車，舉凡如軌距等基礎設施，所有一切都必須以零基概念重新思考。換言之，高遠理想能夠篩檢出，至今從未發現的問題，讓人拋棄「軌距就是這樣」的既定概念，從零開始思考，也因此即使面對重大問題也能順利解決。

「我們無法接受一〇%或二〇%這種水準的改善。我們的目標，是更為顯著的飛躍性成長。首先，這要從否定現況做起。」為達成長足的躍進，經營領導者的這番話，就理論而言是必要的[5]。高遠目標自然會促使我們否定現況，從零基概念思考，要求我們考量如何達成目標。為達成突破性的大躍進，就必須朝理想拉高目標。藉此便能培養人材，打造一個具備強大抵抗力的企業，不但足以面對市場變化[6]，並能「持續繁榮」。

擁有穩定，才能成長

請各位看看圖65，圖中有灰色曲線（成長）以及黑色曲線（穩定）。如果是你，哪條線是你的期望？哪條線又是現實狀況？

幾乎所有人都會回答，期望看到高成長的灰色曲線。

被問到哪條線是現實狀況時，則會回答穩定的黑色曲線。

其中還有人回答，灰色曲線是急速成長，過於不穩定，還是黑色曲線比較好。

其實，灰色曲線是很常見的曲線，只要一年有二%至三%，不，只要一%的成長率即可。這樣的數字隨處可見，任誰都不會將它視為「急速成長」的吧。但是，只要每年能比前一年略為成長，事實上就數學層面看來，就是灰色曲線，而非黑色曲線。每年二％至三％的成長，可稱之為成長率嗎？不對，反而算是低成長率了，我們平常或許都是這麼想的吧。

實際上，過去數十年的全球市場規模持續擴大，即使每年表現不一，長期看來仍是灰色曲線。市場正持續擴大，表現出的正是灰色曲線。但是，若你公司是黑色曲線，只能解釋成公司的經營狀態，與市場成長比較未

圖 65　擁有穩定，才能成長

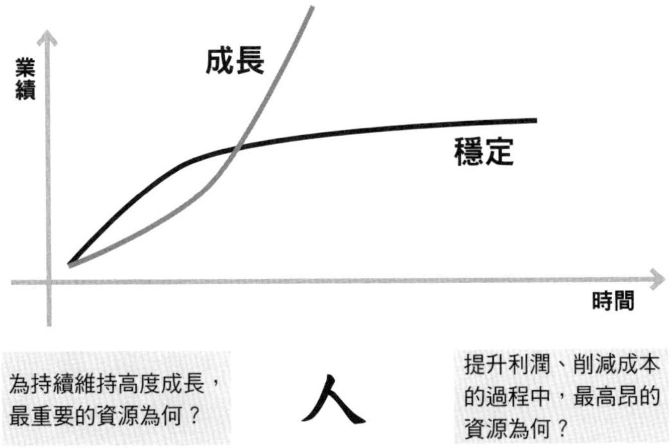
業績
成長
穩定
時間
為持續維持高度成長，最重要的資源為何？
人
提升利潤、削減成本的過程中，最高昂的資源為何？

出處：高德拉特諮詢機構

必不好。

為實現灰色曲線的成長，什麼是不可或缺的要素？有兩點不可或缺的重要關鍵，那就是「員工的幹勁」以及「合作公司的協助」。如果失去「員工的幹勁」，少了「合作公司的協助」，根本無法期望所有成長。所謂的成長，必須在「員工的幹勁」以及「合作公司的協助」兩點支持下，才可能實現。這兩點的重要性，可說超乎其他任何一切，此理無庸置疑，在此也無須贅言。

另一方面，你周遭部門是否正在進行成本削減的活動？在成本削減的過程中，最高昂的資源為何？難道不是「人事費用」或「外包費用」？

仔細思考後你會發現，兩者也是最重要、成本最高昂的資源[7]。

這兩項要素的共通點，就是「人」，正如日本有句名言說：「人為城牆、人為城堡」[8]。不論是灰色曲線或黑色曲線，人的重要性，無須贅述，若想一飛沖天，就必須要有穩定基礎。若處於不穩定的基礎上，即便聽到「快一飛沖天」的指令，也會恐懼得連小跳躍都做不到[9]。

乍見相互矛盾的「成長」與「穩定」，其實卻是相互依賴、相輔相成。

如何成為持續繁榮的企業？

企業必須持續繁榮。企業中有職員，職員都有家庭，股東的期待也很高。企業的存在支撐合作業者的商業營運，對於地區提供工作機會，也以稅金貢獻社會。不論任何人，理所當然都希望本身企業永遠繁榮。為此，我們必須怎麼做呢？

為使企業持續繁榮，就必須設定高遠目標[10]。為了達成目標，就必須具備具體策略。「我們要在四年內，達成以目前這個時間點而言，根本就不可能達成的高遠目標。而且，為實現持續不斷的改善，還要讓相關智慧與知識，在組織內部各角落扎根茁壯，並且培養以整體最適方法思考的人才。」

以上這樣的目標如何？理想如果夠高，應該就能拋棄一直以來的成見，以零基概念思考，檢討各種挑戰方法。

接下來，為了實現上述策略，必須盡快將公司產出，提升至遠勝業務費用的程度。另一方面，為使工作現場的員工，能夠放心致力於達成大幅躍進的各項活動，必須徹底用盡公司的「人」、「物」、「錢」等資源，避免公司承擔巨大風險。

為此，我們應該設定的戰術，便是無須徹底用盡公司的「人」、「物」、「錢」等資源，在避免承擔「真正風險[11]」的情況下，在夠大的市場中獲得壓倒性的競爭力與收益力。

而且，我們必須將經營策略轉化成戰術，並逐漸落實於工作現場。

策略與戰術互為表裡

不用說，策略與戰術對於達成目標而言，是不可或缺的。目標愈高遠，其重要性[12]也會隨之提升。不過，何謂策略與戰術呢？根據《廣辭苑》的解釋，所謂的「策略」（strategy）意指，「比戰術更為廣泛的作戰計畫」；而所謂的「戰術」（tactics）意指，「戰鬥執行時的方略，針對某一戰鬥的戰鬥力使用方法。一般而言被視為附屬於策略之下，延伸為達成某種目的的方法」。

簡而言之，所謂的「策略」位於組織較高層次，決定所有事務的方向性；而所謂的「戰術」則位於組織較低層次，工作現場的活動根據戰術進行。一般概念應該會將策略視為上層，戰術視為下層。

然而，事實是否真的如此？其實，大家似乎也不太清楚從哪個階段到哪個階段是策略，從那個階段開始又是戰術。

在此，我想更簡單定義「策略與戰術」，讓所有人一目瞭然。例如，以下的定義如何[13]？

- 所謂的「策略」，是對於「為何而做」的疑問提供解答。
- 所謂的「戰術」，是對於「怎麼去做」的疑問提供解答。

這實在是簡潔易懂，便於實踐的定義。這麼一來，傳統「上下關係」的思考模式也會隨之改變。「為何而做」的策略，必定需要「怎麼去做」的戰術互為表裡。

仔細思考，這或許也是理所當然的。經營領導者的策略，必須綜觀公司以及市場整體，因此必然成為廣泛且具涵蓋性的內容。廣泛且具涵蓋性的策略，不太可能原封不動地從上而下具體反映於公司內部各階層。事實上，要將其具體反映於工作現場的各種活動，幾乎是不可能的任務。

各個組織階層中，各種職位人員都必須將最高階層的策略，與本身職位的現實相互對照，充分了解策略「為何而做」，並且思考該如何具體反映在「如何去做」的戰術上。唯有如此，才可能實現從最高階層到第一線工作現場，上下一貫的組織活動[14]。也就是說，策略與戰術互為表裡，對於組織各階層都是不可或缺的。

大家一直以來都將「最高階層構思策略，工作現場根據策略擬定戰術」視為理所當然。因此，「策略與戰術互為表裡，對於組織所有階層都是不可或缺的」這種觀念，或許會被認為是嶄新的想法。如果有人覺得，實際上也沒有執行得這麼徹底吧，又並非全然如此。最高階層廣泛且具涵蓋性的策略，無法原封不動地運用於第一線工作現場。基本上，第一線的工作必須將那套策略的含意以及「為何而做」等，與現實相互對照，加以重新定義。接下來，逐漸將其具體反映於「怎麼去做」的第一線戰術。有能力的人可以將最高階層的策略，重新建構成為從本身立場出發的策略與戰術，向最高階層請示。然後，能讓最高階層說出：「我想說的就是這樣！」[15]若組織所有單位都有具才幹的人能做到這樣的事情，必定可以成為無與倫比的絕佳組織。

我們該怎麼做，才能讓經營領導者乃至於第一線工作現場，實現這種狀態呢？

連結組織上下的策略與戰術

組織最高階層乃至於第一線工作人員，朝共同目標邁進時，如何將策略與戰術化為表裡一體，又該如何進行組織變革呢？「策略與戰術樹」，正是幫助我們溝通上述問題的工具。想讓最高階層乃至於第一線工作人員，明確了解策略為何存在，其後又該如何以戰術的形式執行時，這種樹圖也是能具體反映出問題與解答的有效工具。

我們至今看過各式各樣的樹圖，若說有什麼原理能夠一以貫之，應該就是所有邏輯都奠基於正確的假設，所以合情合理。也就是說，為了合情合理，就必須要有正確的假設。在此介紹的策略與戰術樹也符合這樣的原理。

但是，思緒敏捷的人往往傾向省略連結性說明。因為，這些道理對於能做出這樣假設的人而言，過於理所當然，他們往往深信根本不需要說明。這種狀況其實就是「溝通不足」[16]。小組織靠每天的溝通，或許就能彌補這樣的問題，不過組織愈大，問題就會愈嚴重[17]。若不說明策略必要性假設，上下便會缺乏連結，如此一來，愈是進行到組織末端，就愈搞不清楚「為何而做」以及「怎麼去做」。所以，以邏輯方式說明連結性，

圖 66 連接組織最高階層乃至於第一線工作人員的策略與戰術樹圖

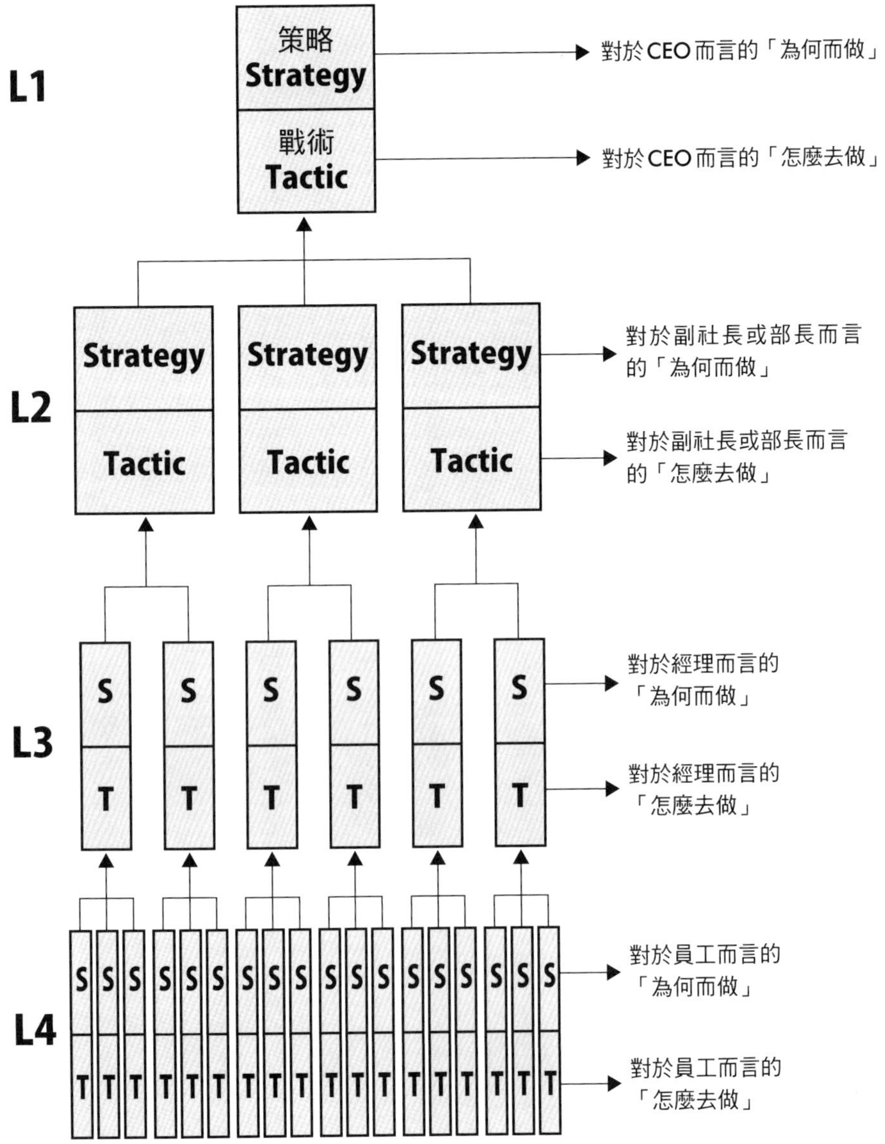

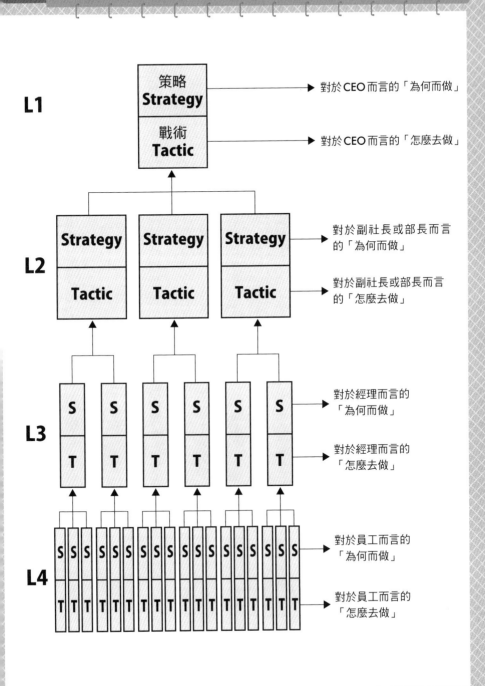

然後同步執行最高階層的策略與戰術，乃至於第一線工作人員末端的策略與戰術，才是決定性的重要關鍵。

以必要與充分假設連結上下階層

為連結策略與戰術，策略與戰術之間必須要有為溝通順暢，讓任何人都能一目瞭然的假設說明。如果無法說明為什麼採取這個戰術，就可能實現策略，策略與戰術就無法相互連結。連結策略與戰術的假設，意味著存在於互為表裡的策略與戰術之間的假設，故稱為「並行假設」（Parallel Assumption, PA）。

組織最高階層的策略與戰術一旦明確，下一個階層便能展開那樣的策略與戰術。因此，為了連結下一個階層的策略與戰術，必須提供充分說明。通常，策略與戰術在下一個階層展開時，其內容的具體性必須更為提高。所以，一組策略與戰術，可能展開成為多組的策略與戰術。為了將其具體反映於工作現場，必須要有假設能說明，這些策略與戰術的連結足以實現上一階層的策略與戰術。由於是能充分說明的假設，故稱為「充分假設」（Sufficient Assumption,SA）。

在思考下一階層的策略與戰術時，必須說明這組策略與戰術，為什麼對於實現

圖 67 必須說明所有策略與戰術的連結

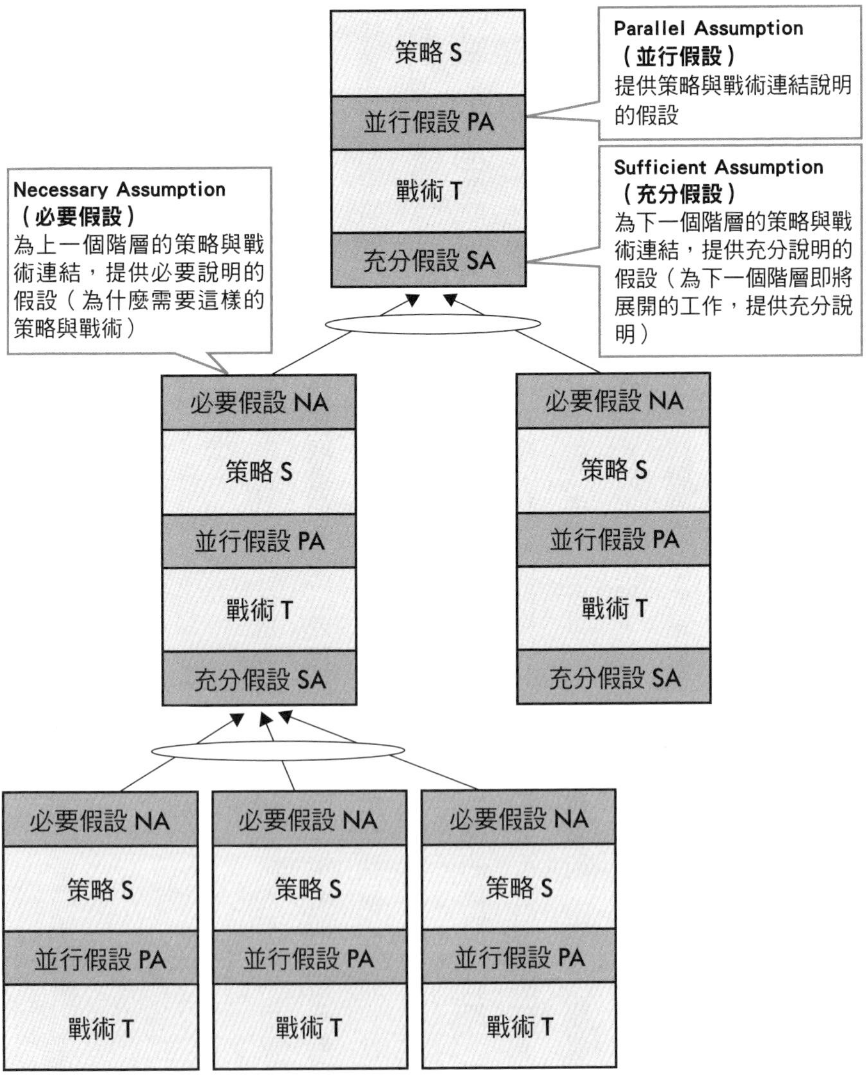

上一階層的策略與戰術是必要的。由於是說明必要性的假設，故稱為「必要假設」[18]（Necessary Assumption, NA）。各位在此應該已經察覺，上下階層的策略與戰術，是以必要與充分假設相互連結。如此一來，組織各階層及其邏輯，都能以必要與充分條件，將互為表裡的策略與戰術相互連結。

策略與戰術愈接近工作現場的狀況，也就是組織底部末端時，愈需要更具體。在所有工作現場，每位員工都必須將之與平日工作連結，並將本身策略與戰術的必要性，與上一階層的策略與戰術連結，在深入了解的情況下展開活動。

組織最高階層的策略與戰術，在各階層以更具體的形式開展，同時與上下階層及其邏輯互相連結，接下來便會像連鎖反應一般，逐漸具體反映在工作現場。然後，能讓每個人竭盡所能的機制也會隨之建構完成[19]。

從圖67最下方階層的左方看起，就能看出工作現場具體活動的順序。最高階層的策略與戰術像這樣，與工作現場的活動相互連結後，便能成為具體的執行計畫。

將連結力轉換成組織力

當組織最高階層乃至於第一線工作人員，都能共享策略與戰術，而且能夠同步活動時，必定能夠提升組織整體能量。在此所介紹的並行假設、充分假設，以及必要假設，就是為了發揮這種連結力，正因為有這樣的說明，才能上下一心發揮組織力。

人們常說在企業成長、壯大規模的過程中，往往會因為業績規模或人數，遭遇無數難以跨越的高牆。組織愈大，想讓最高階層乃至於工作現場的所有活動同步，並順利管理，就愈顯得困難重重。而且，還很容易陷入人們常說的「組織分崩離析」的狀態。經營者是否掌握足夠管理能力，克服上述障礙，關乎企業能否持續成長繁榮。

策略與戰術樹，能夠連結最高階層乃至於第一線工作現場的策略與戰術，集合眾人智慧，營造和諧氣氛，幫助每位成員盡情發揮所能，創造具強大執行力的組織。該樹圖同時也是為了創造「持續繁榮企業」所研發出的工具。

圖68的案例為某專案型公司的策略與戰術樹[20]。最高階層的策略是「四年內成為持續繁榮的企業」，實踐此目標的第二階段分為「穩健成長」與「急速成長」；簡而言

之，就是「確保安全」與「挑戰」並存。「穩健成長」的下一階段分為「建構」、「與收益連結」，以及「持續」。也就是說在「建構」方面，首先必須奠定穩固基礎，嚴格遵守出貨日期，獲得顧客信任。而在「與收益連結」方面，利用之前建構的短期出貨基礎，作為競爭武器，擴大客層；而在「持續」方面，充分考量工作現場負荷，一邊進行調整，持續擴大組織能力。此外，在「急速成長」的下一個階段，則利用在「穩健成長」策略中所構築、與收益連結、並且持續增強的能量做為武器，同時也以競爭對手望塵莫及的壓倒性短期出貨能力做為武器，投入具有附加價值前景的市場。而且，為更進一步確實站穩腳步，必須致力於毫無限度地縮短前置時間。

第四階段左起各項行動，是為達成「建構」的嚴格遵守出貨期。若知悉TOC管理方法的關鍵鏈，閱讀至此應該就能感到靈光乍現。因為，這不僅是運用關鍵鏈，嚴格遵守出貨日期，同時也完整設定組織變革方法的執行計畫，那就是運用短出貨期的優勢強項，將其轉化成金錢，進而促使持續成長，在組織中深根茁壯。

各階段內容的策略與戰術如先前說明，策略與戰術是以並行假設連結，戰術中插入為滿足下一階段策略與戰術的充分假設。下文為第一階段的案例。策略中記載先前所討論過的內容，也就是「我們要在四年內，達成以目前這個時間點而言，根本是不可能達

圖 68 專案型公司的策略與戰術樹

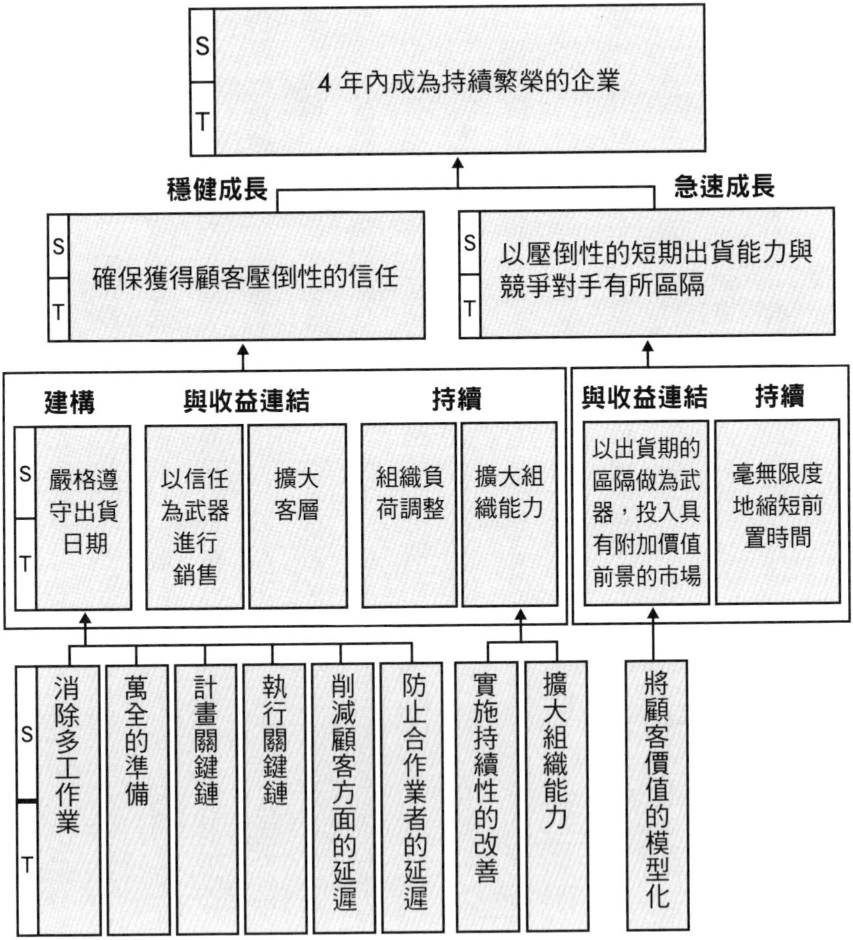

出處：高德拉特諮詢機構

成的高遠目標。而且，為實現持續不斷的改善，還要讓相關智慧與知識，在組織內部各個角落扎根茁壯，並且培養以整體最適概念思考的人才」。

接下來，以並行假設「必須盡快將公司產出，提升至遠勝業務費用的程度。另一方面，為使第一線工作人員，能夠放心致力於達成飛躍性成長的各項活動，必須徹底用盡公司的『人』、『物』、『錢』等資源，避免公司承擔巨大風險」，說明達成策略的戰術，為「無須徹底用盡公司的『人』、『物』、『錢』等資源，在避免承擔真正風險的情況下，在夠大的市場中，獲得壓倒性的競爭力與收益力」，此時策略與戰術才能相互連結。實行上述戰術的假定則為，「獲得壓倒性競爭力與收益力的方法，就是能在任何重要競爭對手都無法仿效的情況下，滿足顧客的重要需求」。這些都會在先前陳述的專案型策略與戰術樹下方階段，逐漸相互連結。

將成功案例模版化

使用這種策略與戰術樹後，最初認為不可能實現的計畫，實現了！還有各種策略與戰術，都能具體落實於管理高層，乃至於第一線工作人員身上，如今大家都能確信理想的確有可能實現。此時，揭示的高遠目標，不再只是單純理想，它已成為管理高層乃至於第一線工作人員，都擁有策略與戰術的真正「可能實現的願景」。像這樣以專案推動的工作，便是可能實現的願景，故稱為「可行願景」[21]（Viable Vision, VV）。一連串的所有程序，都是設計成在完全確保安全的情況下，使得「為

圖 69 可行願景（Viable Vision）

階段 1	可行願景（Viable Vision）
策略	我們要在四年內，達成以目前這個時間點而言，根本就不可能達成的高遠目標。而且，為實現持續不斷的改善，還要讓相關智慧與知識，在組織內部各個角落扎根茁壯，並且培養以整體最適概念思考的人才。
並行假設	必須盡快將公司產出，提升至遠勝業務費用的程度。另一方面，為使第一線工作人員，能夠放心致力於達成飛躍性成長的各項活動，必須徹底用盡公司的「人」、「物」、「錢」等資源，避免公司承擔巨大風險。
戰術	無須徹底用盡公司的「人」、「物」、「錢」等資源，在避免承擔真正風險的情況下，在夠大的市場中，獲得壓倒性的競爭力與收益力。
充分假設	獲得壓倒性競爭力與收益力的方法，就是能在任何重要競爭對手都無法仿效的情況下，滿足顧客的重要需求。

出處：高德拉特諮詢機構

何而做」、「怎麼去做」在工作現場變得十分明確，同時以所有人的共識為基礎，讓經營領導者乃至於第一線工作人員，都能放心地一步步展開活動。由於安全已經獲得確保，每個人都能竭盡所能朝大幅躍進的成果努力。高德拉特博士很喜歡「工作現場」這樣的詞彙，因為那裡有「人」存在。博士常說這個策略與戰術樹，在他的TOC理論體系中的重要性，高達五成以上，我對此也深表贊同。

策略與戰術樹的絕妙之處在於，能將各產業的成功案例一般化，然後變成可以再度運用的例子。這些案例都被各產業以方案模版（template）的形式儲存下來。大家常說，「凡人會從自己的失敗中學習，賢人會從他人的失敗中學習；最愚蠢的是，莫過於無法從失敗中學習，心想下次的情況應該不同吧，然後重複相同的失敗。」TOC研發以來，數十年間的所有知識與經驗[22]，都已被彙整濃縮，而且在全球各地區不斷嘗試、實證，如今已經存有集結全球智慧，幾經實證與淬鍊，持續進化且同時獲得反覆琢磨修正的方案模版[23]。其中幾個案例[24]如圖70所示，相信能夠作為大家的參考典範。

為達成「持續繁榮的企業」，就必須具有高遠理想。我們必須以高遠理想為目標，在組織任何角落都縝密規畫實現此目標的策略與戰術，並推動讓它們同步進行。

各項組織活動，都能在整體高度融合的情況下活動。此時，高遠理想已不再是痴人

圖 70 可行願景的方案模版案例

	零售業	一般消費財製造業	產業財製造業	專案產業
特徵	庫存管理相當困難的業種。產品有季節性，有些產品能短期迅速暢銷，有些則會長期滯銷。最後也只能仰賴大拍賣出清存貨的業種。舉凡如對時尚、流行敏感的業種，也包括擁有工廠的企業。	以批發業者或流通業為銷售對象的業種。產品混雜庫存週轉率極短，以及週轉率極長的貨物。	材料、零件材料、零件、電子零件、素材等製造商，將上述物品販賣給使用者或其他製造商的業種。由於顧客使用這些產業財製造產品，故出貨延遲將對顧客造成重大損失。	不會二度經歷相同事物，不確定性極高的業界。出貨期延遲連帶導致顧客服務開始延遲的損害極大，可能為顧客造成重大損失的業種。
強項	少了大型投資，得以大幅削減供應鏈整體庫存，同時大幅削減各店鋪因庫存缺貨造成的銷售機會流失。同時大幅削減大拍賣，這種無視是否獲利的銷售方式。	少了大型投資，不但得以大幅削減工廠生產的前置時間，同時也能一邊大幅削減供應鏈整體庫存，一邊大幅削減各店鋪因庫存缺貨造成的銷售機會流失。以上述各點為武器，成為其他公司難以仿效的供應商。持續接訂單後，短期內將營業和行銷組織，改善成為創造利潤的組織。	少了大型投資，在工廠 生產前置時間得以大幅削減的同時，也在短期內大幅改善出貨延遲率。將前置時間以及出貨延遲率還有品質作為武器，成為其他公司難以仿效的供應商。持續接訂單後，在短期內將營業和行銷組織，改善成為創造利潤的組織。	少了大型投資，在工廠生產前置時間得以大幅削減的同時，也在短期內大幅改善出貨延遲率。將前置時間以及出貨延遲率還有品質作為武器，成為其他公司難以仿效的供應商。持續接訂單後，在短期內將營業和行銷組織，改善成為創造利潤的組織。
成果	少了大型投資，在四年內達成以目前這個時間點而言，覺得幾乎不可能達到的目標利潤，同時以邏輯方法，將能幫助組織成為「持續繁榮企業」的企業文化，深植組織之中，並且培養得以支撐上述文化，以整體最適觀點實踐管理的人才。	少了大型投資，在四年內達成以目前這個時間點而言，覺得幾乎不可能達到的目標利潤，同時以邏輯方法，將能幫助組織成為「持續繁榮企業」的企業文化，深植組織之中，並且培養得以支撐上述文化，以整體最適觀點實踐管理的人才。	少了大型投資，在四年內達成以目前這個時間點而言，覺得幾乎不可能達到的目標利潤，同時以邏輯方法，將能幫助組織成為「持續繁榮企業」的企業文化，深植組織之中，並且培養得以支撐上述文化，以整體最適觀點實踐管理的人才。	少了大型投資，在四年內達成以目前這個時間點而言，覺得幾乎不可能達到的目標利潤，同時以邏輯方法，將能幫助組織成為「持續繁榮企業」的企業文化，深植組織之中，並且培養得以支撐上述文化，以整體最適觀點實踐管理的人才。

設定以目前這個時間點覺得幾乎不可能達成的目標，而且無須用盡目前資源，確保至今所維持的安心與穩定不變，在四年內實現「永遠持續繁榮的企業」！

說夢，而是可能實現的目標。組織內所有從最高階層乃至於工作現場的一貫活動，正以穩健的步伐，一步步將原本被視為不可能實現的高遠理想，化為現實。

個人與整體連結，整體因與個人的眾多連結而得以成形。我們應珍惜這樣的連結[25]，在整體協調的情況下，讓所有人都能放心挑戰遠大目標。換言之，策略與戰術樹就是以邏輯方法，將「揭示高遠願景，與所有人相互連結，最終達成目標」化為可能。

典範移轉[26]

在此希望各位思考，本書至今所討論的內容，將如何改變我們所熟知的典範。

之前，幾乎所有限制的突破，都很容易被視為遙不可及，我們總在自己伸手可及的範圍內，拚命竭盡所能找突破點。為了面對複雜性，傾向將事物拆解後，再努力以局部最適的方法處理。我們總是無法避免對立與衝突，想要不敗，就只能贏，最後就很容易拘泥成敗。而且只要一看到問題發生，不自覺地就會認為「那個人不好」，想將那個人屏除於外。

今後，幾乎所有限制都在伸手可及的範圍內，至少我們會開始覺得此舉必定會產生某種影響。而且，還可能靈活運用限制，迅速產生變化。不論面對多麼複雜的事物，都能發現其原有的簡單本質，理解問題後迅速改善。即便出現對立與衝突，也能懷抱「共創三贏」的遠大抱負，藉由「尊他、重己、時宜、妙策」，與所有人一同順利構思出解決對策。看到問題發生也能堅信人性本善，覺得對方或許存有某種成見，並幫助對方去除成見。隨著實踐經驗的累積，不但能夠鍛鍊出思考能力，實現理想的能力也會逐漸提升。而且，那樣的實踐必定與個人成長相互連結，每一天自然而然都能過得既有意義又充實。

不論任何人或任何組織都擁有絕佳潛能，只是沒有完全發揮出來罷了。我們無須勉強自己，只要自然而然地持續加以鍛鍊。如此一來，必定能夠擁抱深具意義的人生！

1　高德拉特博士相當推薦大家閱讀《高瞻遠矚的企業》（*Visionary Company*），柯林斯（James C. Collins）、薄樂斯（Jerry I. Porras）著（日經ＢＰ出版中心）；其中像是擬定進度鐘或揭示高遠目標等，策略與戰術樹正是以邏輯方式，將上述步驟清楚解析、予以結構化的工具。

2　也有人會說什麼「懷抱大大的理想」，不過身為《起飛吧！青春》（日本一九六〇年代非常具代表性的青春校園劇）世代的我會覺得，「大大的太陽」這類詞句聽來比較順耳，我是會因此非常容易不由自主燃起鬥志的單純世代。Let's Begin!

3　「零基」（zero-base）概念是指，從一無所有的狀態做起，一切重新出發的思考模式。

4　美國奇異公司前總裁傑克．威爾許（Jack Welch）所說的「直線衝向目標」，就是在形容這個道理。（威爾許一九八一年就任奇異執行長，一手打造「奇異傳奇」，不但成為美國經營之神，也是全球企業效法的標竿）。

5　當我還是京瓷（Kyocera）公司的新進員工時，社長稻盛和夫先生常對我們說，揭示高遠理想的重要性。他曾說：「必要實現心中所想，首先從『去想』做起是非常重要的。」我如今才打從心底感動，深覺自己之前是在一位卓越超凡的經營者手下工作。當時承蒙他照顧近二十年，而這樣的思考模式如今仍深植我心。

6　此處闡述的或許就是「自行創造變化的經營策略」，而「變化」，理所當然也會與我們站在同一陣線。

7　然而，我們這數十年來選擇的又是什麼？追根究柢，不是犧牲這最重要的兩項要素，以削減成本為優先考量嗎？日本在戰後展現高度經濟成長，有段時期甚至被譽為「奇蹟之國」。當時，低價高品質的「Made in Japan」產品，廣泛流通全球，讓全世界各國驚豔。那段時期，曾有學者造訪日本，對日本進行分析。據說，學者當時在日本企業中，發現其他國家看不到的兩項企業文化——「終身雇用制」與「體系交易」。（前者是指，日本當時企業的正式員工，除特殊情況以外，直到退休都不會被解聘。這也形成多數上班族終其一生，只服務一家企業的特殊文化；後者則指，日本企業為確保上游乃至於下游各環節作業穩定流暢，會與固定企業、銀行、製造商或零售商合作，並以持股或互派員工的方式，加強彼此關係，自成一個小型的交易供給體系。）

8 「人為城牆、人為城堡」——日本戰國時代名將武田信玄名言，完整名言是：「人為城牆，人為城堡，人為壕溝，以情待人則為城牆，人為城堡，人為壕溝，以情待人則為友，與人結仇則為敵。」意指，決定勝敗的關鍵，不在堅固城牆，而在民心向背。

9 我們在沒頭沒腦地老要員工「快挑戰看看啊！」的同時，是否了解那是一樁難事呢？若真想以「人」為核心提高組織力，首先就必須提供一個能讓人放心挑戰的安全環境。那才能促成整體組織勇於挑戰成長的大躍進。

10 隨著揭示高遠目標，目標與現狀的鴻溝也會擴大。藉由解決因此更顯龐大的問題，便能實現兼顧飛躍性成長與穩定的「持續繁榮企業」，而這也是此法的特徵。高德拉特博士將「解決眼前不良效應的方法」稱為「負負法」，也就是說消除負面情況的方法。在此情況下，當目前可見問題，獲得具體改善時就容易滿足，組織真正的潛能或許並未被開發出來。對此，藉由揭示高遠目標，進一步拉大目標與現況之間的鴻溝，並致力達成目標，便稱為「正向法」。若想揭示高遠目標，挑戰突破性成長，穩定便成為不可或缺的必要條件。而之後所介紹的「策略與戰術樹」，便能發揮據此將企業導向持續改善循環，進而成為持續繁榮企業的功能。

11 挑戰新事物有風險，維持現狀停留於原地，也會有風險；那也就是，避免承擔「真正風險」的含意。

12 一般而言，大概是指所謂的「中期經營計畫」。曾將中期經營計畫形容成「畫在紙上的大餅」的人是誰呢……？

13 此定義源自高德拉特博士。物理學者非常重視事物的簡潔性，簡潔說明各種事物的現象，在物理學世界中相當重要。反之，他們認為說明愈複雜，愈無法理解事物。無怪乎，TOC的進化日益簡潔明瞭，讓人一目瞭然。

14 換言之，對第一線工作現場人員，原封不動地闡述管理高層的經營策略時，常會發生現場人員難以消化，茫然不知所措的情況。於是在不知不覺中，「中期經營目標」便淪為「畫在紙上的大餅」。

15 「我想說的就是這樣！」大家都很常說。能讓人說出這話的，實在是位真正「有能力的人」，我對此也深感贊同。你的部屬如果也是這樣的人，必定能讓工作迅速獲得進展，應該也能放心地委以重任。

16 「為什麼連這種事情都必須說明呢！」像這種焦慮的心情不難理解，但是實際參與活動的是第一線工作人員，面對瞬息萬變的市場，必須隨時調整變化。為使最高階層的策略與戰術，能在第一線工作現場執行，相互連結是非常重要的事。

17 最高階層要求，以全體最適觀點進行改善。但是，第一線工作現場僅在能力所及範圍內，竭盡所能進行改善。到頭來，活動就很容易淪為「部分最適」的改善。在此，便存在巨大的溝通斷層。附帶一提，著名樂團齊柏林飛船（Led Zeppelin）的〈溝通短路〉（communication breakdown）也是我最喜歡的歌曲。

18 「必要假設」對於定義此階層的策略與戰術，是不可或缺的必須假設。換言之，這個假設一旦錯誤，此階層的策略與戰術也必然會出現錯誤。在很多情況下，「假設」並不會以語言表達出來，不過我想各位在此便能深刻理解其重要性。

19 我們在一般日常生活中，會稱這樣的機制為「企業文化」。各位應該已經了解，為了建構這樣的企業文化，讓「假設」成為組織整體的共識有多麼重要。遺憾的是，這種「假設」部分卻未必會以語言表達出來。若身處同一組織，往往會覺得對方「應該也知道」，無須刻意以語言說明，這種想法其實不足為奇。每件事都要逐一說明「這是因為……」也很麻煩，我們或許也可以這麼說，就算沒有那些繁瑣的說明，在居酒屋敞開心胸閒聊、或在平常不經意的溝通過程中，自然而然逐漸形成的組織共識，正以「假設」的形式，自然而然存在於組織中。企業中往往就像這樣，逐漸形成各種平常不會刻意以語言表達的所謂「企業文化」。其中，其實就存在著未訴諸語言，彼此也了然於胸的共通「假設」。若想承續這樣的「企業文化」，承續日後將進一步持續繁榮的企業，或許有必要將那些未訴諸語言的內隱知識，也就是「假設」，逐漸以語言表達出來，將之轉化成為外顯知識。

20 此例分為四階段，不過目前已被明確定義至五階段，同時廣泛運用於全球各地，創造出亮眼成果。希望讀者利用網站，進一步了解詳細的介紹。同時網站也提供以高德拉特博士本人聲音錄製的簡報，另外也有日文字幕解說，請讀者務必上網觀賞。網址、http://www.jp.goldrattconsulting.com/（英文版：http://www.goldrattconsulting.com/）

21 可行願景當初的設定原本是，從「四年內達成與目前營業額相同的利潤」開始。事實上，全球此後也陸續出現達成此願景的公司。但是，其中仍存在問題。有很多企業，會對設定像是「達成與目前營業額相同的利潤」這種極高目標，感到「那種事情根本不可能做到」，加以排斥。有鑑於此，上述可行願景才會轉變成「設定以目前這個時間點而言，根本就不可能達成的目標，並在四年內達成」。實際上，當我們和顧客一起使用策略與戰術樹，以邏輯方式彙整公司經營數據，結果很多情況下還是將目標設定於當初的「四年內達成與目前營業額相同的利潤」。我因此覺得，最初的目標設定實在影響深遠，就此詢問高德拉特博士後，他說：「獲得共識很重要，強迫所有人接受某一目標是錯誤的。實際進行的是第一線工作現場，在那裡有人，進行組織變革的核心就是人。所以，共識的形成非常重要。你知道我從哪裡學到這種方法嗎？是日本。我們『高德拉特團隊』的目標，正是希望能成為實現重視共識的日本文化的組織。」只要是好的事情，不論是什麼都柔軟地吸收，同時也要將其以邏輯方式分析後，成為所有人都能理解的知識。我真是為博士的真知灼見感到折服。

22 我很驚訝，只要以英文上網檢索TOC的相關案例，就能搜尋到大量的資訊。請讀者務必上網在TOC之外，鍵入您所關心領域的關鍵字，試著檢索看看。

23 高德拉特博士率領的「高德拉特團隊」活動是全球性的。包含博士在內，「高德拉特團隊」傾全力提供豐富經驗與知識，在創造亮眼成功案例之餘，同時促成方案模版的持續進化。請讀者閱覽http://www.jp.goldrattconsulting.com/，了解有什麼樣的方案模版存在。這些方案模版都只是原案而已，為了讓這些資訊配合你所處的環境，將其提升為更好的資訊，深度思考以及實踐是相當重要的步驟。

24 TOC基於高德拉特博士本人意願，已成為一種公共財的知識。因此，全球人士持續加以實踐，進一步淬鍊提升。博士說，在「以和為貴」的日本，TOC的效果更為巨大。博士閱讀過索尼（SONY）公司創始者盛田昭夫（一九二一～一九九九）著作《MADE IN JAPAN》（朝日新聞社），便說「可行願景以及策略與戰術樹，全寫在那本書裡了」。博士說，他不過是以一名科學家的角色，利用邏輯方式說明那套理論，讓所有人就理論而言都能實現願景罷了。

25 近來，有許多人對於社會人際關係日益薄弱提出警訊，這可能跟解決問題沒有直接關聯，不過全球許多解決問題方法，似乎也都以拆解事物後，再加以分析的作法為主流。在此，誠惶誠恐地提出個人見解，TOC這個重視連結的方法，或許能加強人際關係，讓人們重新回歸日本「以和為貴」文化的原點。

26 「典範」（Paradigm），是一個被廣為使用於指涉概念架構的詞。科學家孔恩（Thomas Kuhn）首先認為，有些科學上突破性的變化，可以瞬間轉變人們對事物的看法，以及其他相關的做事方式，而不需要經過逐步改變的過程。當阿姆斯壯登上月球以後，人們對月亮的迷思可以一夕改變，即是一例。

後記

這世界比我們想像的還要複雜，而且幾乎所有問題都與「人」相互牽扯。如果能簡單解決問題就好了，但是我們往往會根據本身成見去看待事物，立論全為了將本身想法合理化，結果只會引發無益的對立與衝突，同時將自己的主張強加在對方身上。沒有充分考慮負面影響，出於善意的行動，到頭來卻給周遭旁人添麻煩……

但是，也有些出色人士能夠避免上述情況，直逼問題核心，以一擊中的的解決對策，在最短、最迅速的時間內，將周遭人士納為自己的戰友，並且在一團和氣的氛圍下，輕鬆實踐變革方案。「思考流程」就是為了幫助所有人都能達成上述情況，所研發出的理論。若讀者閱讀後，心中能夠湧現勇氣，決心立刻嘗試看看，對我來說，實在是無上的喜悅。

「不做給對方看、不說給對方聽、不讓對方嘗試，不誇獎對方，人則不為所動。」

在此無須贅述山本五十六（一八八四～一九四三年，日本二戰期間海軍大將，當時擔任日本聯合艦隊司令長官。）的這句名言該有多好，世上有許多傳頌已久的名言，都暗藏淺顯易懂的邏輯。這句話尤其可謂箇中翹楚。

我在撰寫本書時，從頭到尾始終提醒自己，堅守山本五十六這句話的精髓。讀者若覺得本書容易閱讀，極具可行性，也容易理解，那也是拜山本五十六的精闢教誨所賜。

思考流程這種方法，已在全球各地實踐，持續在各領域創造亮眼成果。其範圍不僅止於商務，也廣泛運用於非營利團體、公共組織、醫療機構，或是讓孩子得以培養自行解決問題能力的教育，還有輔導受刑人回歸社會的計畫等領域。當然，此法也適用於解決個人問題，運用範圍相當廣泛。

但是與實踐的卓越成效相比較，思考流程的教育由於涉及抽象概念，不是那種受過訓練，就能讓人大聲說出「我懂了」的東西，一般在初期都僅止於隱約模糊了解。不過，隨著每天實踐，理解也能隨之加深，在每次的親身體驗中，都能有全新發現，而且進一步了解理論背景後，甚至能感受其中美好，即便自己長期親身運用，也常會再度為這套理論的絕妙程度感到驚歎不已。所以，想採行更容易理解、更具可行性的方法，傳達這種抽象的概念，正是我撰寫本書的契機。

但是，要將抽象概念寫得淺顯易懂又具可行性，實在是件比想像中還要折磨人的苦差事。雖然，思考流程如今已普遍運用於日常生活中，但是回頭追溯那樣的流程，同時還要將它寫得淺顯易懂，其實是一種重新歸零的學習。就在我振筆疾書的過程中，一而再、再而三挖掘出全新的發現，整個人也因此感到熱血沸騰，一回神，自己已經處於完全樂在其中的亢奮狀態。這樣的興奮若能傳達給各位讀者，那就太幸福了。

做給對方看、說給對方聽、讓對方嘗試

這已是二十五年以前的事了，當時正是QC（品質管理）小組活動的全盛期。有一群豐田汽車的成員，造訪我當時服務的公司，進行QC小組活動簡報。那是全國首屈一指的QC小組，簡報內容是關於車門裝設方法的改善。在限定的十二分鐘之內，能做到如此扎實的簡報內容，讓我佩服不已。那是還沒有PowerPoint簡報軟體的年代，他們使用投影機和透明投影片，發揮各種創意巧思，為我們進行簡報。當時簡報的內容彷彿還歷歷在目，而簡報中所有人共同喊出的口號聲，似乎還迴盪在耳邊。那時我還是個多愁善感的新人。由於簡報實在太過精采，讓我說不出半句話，還全身起雞皮疙瘩。我後來實在難以壓抑內心的興奮，直衝向休息室，找主辦該活動的中部品質協會講師，向對方表達我的感動。那時候，對方教我這麼一件事。

「岸良，有件事你最好謹記在心，我就先告訴你吧。那麼棒的簡報，也是來自於聽眾的評價方式。簡報結束後，每個人都能指出某些問題點吧。不過，簡報的人作何感想呢？下次還想再進行簡報嗎？我們的工作，仰賴第一線工作人員的幹勁支持。所以工作現場的幹勁非常重要。如果，岸良也和我有相同的想法，我只希望你能夠做到這件事。那就是發掘『好處兩點、好還要更好之處一點』。講評時，試著隨時提醒自己注意這件事，這麼一來，你總有一天，或許也能凌駕於今天讓你感動的小組成員之上。」

當時的我完全搞不清楚，為什麼評價方式會和自己的成長有所關聯。不過，我還是謹記「好處兩點、好還要更好之處一點」的教誨，打算隨時提醒自己注意。時至今日，我才覺得，自己慢慢能夠體會這麼棒的教誨所隱含的真意。這個教誨蘊藏的智慧，能讓人在毫不勉強的情況下，自然而然地輕鬆實踐以發掘他人優點，督促其成長的道理。那句話就隱含這樣的邏輯。而且，我還發現，這句話和主張「人性本善」、重視「簡潔明瞭」的TOC思考方法不謀而合，對於如今的我而言，更是意義深遠。我很想將類似這種日本在工作現場的金玉良言，透過簡潔、清晰的說明，讓每個人都能輕鬆實踐。我想，這也是我撰寫本書的最大動機。

我在撰寫本書時，謹遵山本五十六的教誨，時時警惕自己要將思考流程「做給對方看」，將內容「說給對方聽」，等到對方想試試看時，就「讓對方嘗試」。但是很遺憾的是，書籍所能做到的僅止於「做給對方看、說給對方聽、讓對方嘗試」。基於「好處兩點、好還要更好之處一點」的心情，如果有可能，「不誇獎對方，人則不為所動」這部分只好留給各位，與周遭旁人一同實踐。若能獲得讀者反饋，讓我有這個榮幸能去誇獎各位的話，就真的是意外之喜了。

本書的撰寫，獲得許多人的支持。其中，包括高德拉特博士，還有拉米・高德拉特（Rami Goldratt）、阿朗・巴那德（Alan Barnard）、麗莎・J・仙科夫（Lisa J. Scheinkopf）、亞尼卜・迪努歐、艾力・斯拉根海默（Eli Schragenheim）等，靠著和高德拉特團隊同伴之間的對話刺激，文稿才能持續進步與改善。此外，若少了那些將我稱為朋友的人們，與我之間的互動，也不可能寫成本書。幫我奠定TOC基礎的「目標系統」（Goal System）公司社長村上悟、Aftinitus的戴夫・阿普戴哥羅布，以及依連・佛羅斯特，我對你們只有滿滿的感謝，真的很謝謝大家。

我也很享受和鑽石社負責編輯久我茂先生之間的討論，之前雖然還完全無法下筆寫作，不過就在多次討論的過程中，思路也得以清晰、融會。最後，我們一起在京都喝到深夜，隔天搭機飛往高德拉特博士居住的以色列途中，動筆開始寫後，幾乎所有草稿以及概念都已經成形。

有不少讀者反映閱讀我的著作時，發現日本古老優美的價值觀俯拾皆是，因此感動不已，這也必須歸功於我父母的教導，我對他們同樣心存感謝。本身是繪本作家的愛妻真由子，一如以往地在撰稿時提供我許多靈感，在她的建議下文稿才能夠更為簡潔易懂，而且受她的插畫鼓舞，文稿的內容也更充實了，那真是非常刺激又開心的分工合作。我由衷地感謝她。

岸良裕司

BIG265

問題可以一次解決

作者—岸良裕司
譯者—張凌虛、鄭曉蘭
編輯—謝翠鈺
校對—李佳晏
行銷企劃—廖婉婷、李昀修
封面設計—李涵硯
內頁設計排版—李宜芝
董事長—趙政岷
總經理—
出版者—時報文化出版企業股份有限公司
10803台北市和平西路三段二四〇號七樓
發行專線—（〇二）二三〇六六八四二
讀者服務專線—〇八〇〇二三一七〇五
（〇二）二三〇四七一〇三
讀者服務傳真—（〇二）二三〇四六八五八
郵撥—一九三四四七二四時報文化出版公司
信箱—台北郵政七九～九九信箱
時報悅讀網—http://www.readingtimes.com.tw
法律顧問—理律法律事務所 陳長文律師、李念祖律師
印刷—華展彩色印刷股份有限公司
二版一刷—二〇一六年九月十六日
定價—新台幣二八〇元
（缺頁或破損的書，請寄回更換）

時報文化出版公司成立於一九七五年，
並於一九九九年股票上櫃公開發行，於二〇〇八年脫離中時集團非屬旺中，
以「尊重智慧與創意的文化事業」為信念。

國家圖書館出版品預行編目（CIP）資料

問題可以一次解決：跟著管理大師高德特拉的限制理論，
學會解決所有工作難題的思考 / 岸良裕司作；
張凌虛，鄭曉蘭譯. -- 二版. -- 臺北
市：時報文化，2016.09
面； 公分. -- (Big ; 265)

ISBN 978-957-13-6754-5(平裝)

1. 管理科學 2. 管理理論 3. 思考

494　　105015075

ISBN 978-957-13-6754-5
Printed in Taiwan